香水聖經

the perfume Bible

喬瑟芬·斐麗 Josephine Fairley
蘿娜·麥凱 Lorna McKay ◎著
韓書妍◎譯

積木文化

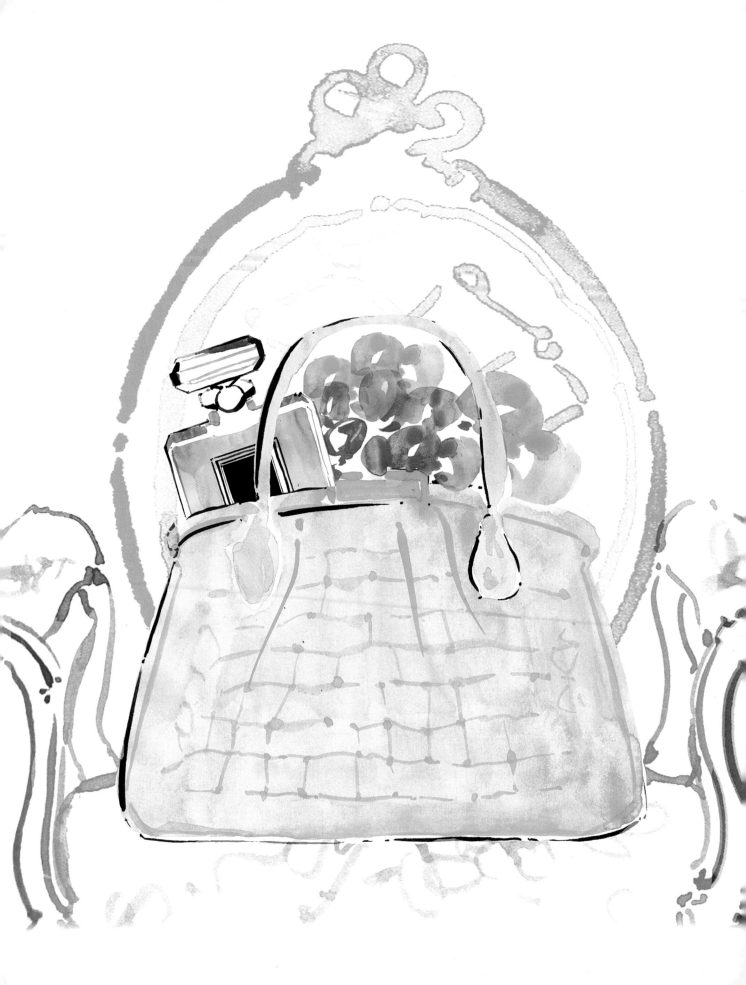

the
perfume 《暢銷紀念版》
Bible

香水聖經
the perfume Bible 【暢銷紀念版】

原著書名	The Perfume Bible
作　　者	喬瑟芬‧斐麗（Josephine Fairley）、蘿娜‧麥凱（Lorna McKay）
譯　　者	韓書妍

總 編 輯	王秀婷
責任編輯	李　華、吳欣怡
美術編輯	于　靖
版　　權	徐昉驊
行銷業務	黃明雪

發 行 人	凃玉雲
出　　版	積木文化 104台北市民生東路二段141號5樓 電話：(02) 2500–7696 ｜ 傳真：(02) 2500–1953 官方部落格：www.cubepress.com.tw 讀者服務信箱：service_cube@hmg.com.tw
發　　行	英屬蓋曼群島商家庭傳媒股份有限公司城邦分公司 台北市民生東路二段141號2樓 讀者服務專線：(02)25007718–9 ｜ 24小時傳真專線：(02)25001990–1 服務時間：週一至週五09:30–12:00、13:30–17:00 郵撥：19863813 ｜ 戶名：書虫股份有限公司 網站：城邦讀書花園 ｜ 網址：www.cite.com.tw
香港發行所	城邦（香港）出版集團有限公司 香港灣仔駱克道193號東超商業中心1樓 電話：+852–25086231 ｜ 傳真：+852–25789337 電子信箱：hkcite@biznetvigator.com
馬新發行所	城邦（馬新）出版集團 Cite（M）Sdn Bhd 41, Jalan Radin Anum, Bandar Baru Sri Petaling, 57000 Kuala Lumpur, Malaysia. 電話：(603) 90578822 ｜ 傳真：(603) 90576622 電子信箱：cite@cite.com.my

設　　計	曲文瑩
製版印刷	上晴彩色印刷製版有限公司

城邦讀書花園
www.cite.com.tw

First published in Great Britain in 2014 by Kyle Books, an imprint of Octopus Publishing Group Ltd.
Carmelite House, 50 Victoria Embankment
London EC4Y 0DZ
Text copyright © Josephine Fairley and Lorna McKay 2014
Photographs © Neal Grundy 2014, apart from those listed on pages 190–191
Design and layout copyright 2014 © Kyle Cathie Ltd
Design and layout copyright 2022 © Octopus Publishing Group Ltd
Josephine Fairley and Lorna McKay are hereby identified as the authors of this work in accordance
with Section 77 of the Copyright, Designs and Patents Act 1988.
All rights reserved.
Complex Chinese translation copyright © 2022 by Cube Press, a division of Cite Publishing Ltd.

【印刷版】
2016年 7 月 12 日　初版一刷
2022年 5 月 17 日　二版一刷
售　價／NT$650
ISBN 978-986-459-406-1
Printed in Taiwan.

【電子版】
2022年5月
ISBN 978-986-459-407-8（EPUB）

國家圖書館出版品預行編目資料

香水聖經 / 喬瑟芬‧斐麗(Josephine
Fairley), 蘿娜‧麥凱(Lorna McKay)著；韓書
妍譯. -- 初版. -- 臺北市：積木文化出版：家
庭傳媒城邦分公司發行, 2022.05
192面；21×26公分
譯自：The perfume bible
ISBN 978-986-459-406-1(平裝)

1.香水

466.71　　　　　　　　　111005791

contents

introduction

嗅覺 就像海倫‧凱勒（Helen Keller）敘述那般，「是感官中的墮落天使。」我們如今不再需要嗅覺來幫忙警告天敵逼近了，或在灌木林中找尋食物。在現代，人類的鼻子只發揮了一小部分的功能，也因此錯過了許多樂趣。

但我認為這一切將要有所改變了，這也是我寫下《香水聖經》的原因。二十年前，主廚們踏出廚房，帶領新一代的美食愛好者探索食材、故事，並透過各種實驗與品嚐不斷學習。而今天類似的事情也發生在香氛世界。換句話說調香師（perfumers）就好比主廚，只不過這次激起的不是味蕾，而是嗅覺的感動與刺激。

這場革命始於一位叫做斐德烈‧瑪爾（Frederic Malle）的法國香水設計師，他不僅把自己的名字放上香水瓶身，甚至讓調香師的地位與之同高。斐德烈‧瑪爾的神來之舉，就是邀請一些世界上最頂尖，卻安靜隱身幕後的調香師們，自由創造出他們夢想中最完美的香水。這些厲害的調香師應邀「出櫃」，踏出實驗室以香氛的形式分享他們精彩絕倫的創作。

> **"**
>
> 與陌生人擦身而過時，彷彿嗅到母親身上幽微隱約的香氣，霎時回到透著微光的床前，她的晚安之吻以愛將你包圍。
>
> **"**

美妝雜誌興當小心，並與讀者們分享此消息，而讀者立刻反應熱烈，香水世界從而步入創造力馳騁的新紀元。各個國家開始出現小眾香水品牌（niche perfume）的蹤跡，而大型香水公司則祭出稀有珍貴的香水產品勾起消費者的慾望：Chanel（香奈兒）推出精品香水Les Excluifs、Dior（迪奧）的高級訂製香水系列La Collection Privée、Giorgio Armani（亞曼尼）的高級訂製香水Armani Privée等等。不過，不要以為本書只介紹像松露或煙薰鮭魚的高級香水，也有許多適合日常使用的美妙香水呢！

重要的是，隨著香水褪去神祕面紗，許多可能從未思考過其背後故事與原料的香水愛好者，發現自己開始探索香氛的魔幻世界，就像踏入衣櫥後方的納尼亞王國。

由於美妝世界的香水領域展露商機，隨之而來的則是如雨後春筍般推出的大量香氛產品。但也帶來了另一個問題，那就是無所適從的消費者，還有嗅覺的疲勞轟炸，比方說在百貨公司必須東閃西躲「香水游擊隊」。所以除了邀請讀者們一同探索創作香水背後的迷人製程、認識來自世界各地的原料、介紹香

水界的「明星們」之外，本書也將親自牽著讀者的手，或者該說是鼻子？走進香氛王國，找到自己喜愛的香水。

有些香水是經典名作，具有重要的指標性，非常值得一聞，其地位好比莫內的〈睡蓮〉、〈蒙娜麗莎〉、或是羅丹的〈吻〉。唯一不同之處在於香水是可以帶回家的藝術品，每天（或每晚）都能噴灑在身上，而且不是美術館紀念品店的複製品，件件都是真貨呢！

那麼，為什麼要買一本關於香水的書？何不乾脆在外面逛逛走走，有意識地嗅聞呢？事實上有個非常好的原因。據說，試圖將氣味付諸文字時，會產生非常美妙而神奇的事情。科學家喬治·陶德（George Dodd）教授解釋道：「這麼做可以強化腦部的神經傳導途徑，進而使你的嗅覺更加敏銳。」換句話說，閱讀與香水相關的文字，的確可以令你更享受香氛世界，使用香水的樂趣也加倍。

因此，我們衷心希望諸位讀者能將本書視為跳板，從這裡踏上旅程，除了追溯香水的歷史，更要看看有如當代鍊金術士的調香師如何混合香精，以香氣的形式寫下令人心醉神

> 香水是可以帶回家的藝術品，每天都能噴灑在身上。

迷的故事。事實上，無論是不是五感中的「墮落天使」，沒有任何感官像嗅覺一樣，擁有能帶領我們穿越時空的力量。與陌生人擦身而過時，彷彿嗅到母親身上幽微隱約的香氣，霎時回到透著微光的床前，她的晚安之吻以愛將你包圍。（或許很陳腔濫調，但幾乎我們身邊的人都有過此經驗。）或是當你踏進點著番茄葉蠟燭的房間，或許你會忽然以為自己身處奶奶的溫室。擦一點結婚時噴灑的香水，立刻再度回到當初交換誓言的時刻。

而這一切，竟然都從一個小玻璃瓶和幾滴香水而生！如果這不是魔法，那什麼才是呢？

Jo Fairley　Lorna McKay

the perfume bible

meet
the
families

認識香氛家族

探索香水最簡單的入門方式之一，就是要先學習「香氛家族」，（幾乎）所有的香氛都隸屬於某個家族。不僅如此，許多人下意識購買的香水，幾乎都有可能來自同個家族。因此，如果你想要省錢、避免犯下昂貴的錯誤，最好先了解自己究竟心儀哪個（或哪些）家族。

女人的梳妝台上總是塞滿各種「買錯」的香水，最主要的原因之一，就是受到眩目迷人的廣告形象影響，或是因為喜歡的明星名人推出新香水而受到吸引，在尚未確認自己是否真的喜歡之前，就衝動購買。

購買香水最不會出錯的方式，是尋找與曾經用過並喜愛的香水隸屬同個香氛家族的其他選項。事實上，如果讓專家來分析每個人所擁有的香水，只有極少數的人會像大雜燴般同時擁有來自不同家族的香水。即使渾然不覺，但我們的確容易不斷被同個家族的香氣所吸引。對香氛家族的好惡完全是直覺式的，但也可能在冷天與熱天時各有偏好的香氛家族。

無論迷戀哪種香味都無關對錯好壞，最糟糕的行為不外乎以表面的品牌和價值來評斷一瓶香水。對某款香水的喜好，可能來自於基因、生活體驗，甚至記憶。

技術上來說，香氛家族是香水工業長年使用的分類系統，按照每種香水的主要特性將其放入嗅覺「群組」中。這是氣味語言的一部分，一開始可能有點複雜。因此在書中，我會以色彩來區分，希望幫助讀者一眼就能輕易認出可能會喜愛的香氛家族。在我們選出的「此生必試的100款香水」中，每支香水的編號都以顏色標示（見98-147頁），如果其中有你喜愛並慣用的，可利用色彩分類找出同類型的其他香水。

當然，一個名副其實的家族，其成員必定為數眾多，香氛家族也是如此。書中列出的八個主要香氛家族皆各有不同的香調變化。

了解自己喜愛的香氛家族，在購買香水時將會非常有用。如果面對訓練有素的銷售顧問，他們會知道該推薦哪些類型的香水給你，進而增加找到香水新歡的機會。

只有具備多年經驗的專家，才可能在第一時間嗅聞出某款香水隸屬的家族，這是需要經過許多練習的。但善用鼻子正是學習香氛家族的不二法門。

順帶一提，在香水領域中，絕對沒有任何人能夠百分之百認同所有香氛家族的分類與形容，我們只能以普遍的認知與累積多年的知識，並盡量試著以最簡單的文字來敘述。如果希望學得更多，試著先熟悉這些主要家族。當你的嗅覺漸漸變得敏銳後，就可以自行探索這些家族之中的細微差別，就像學習品酒一樣，剛開始得學著分辨夏多內與松塞爾。假以時日將能察覺這些類型中更微妙的差異。

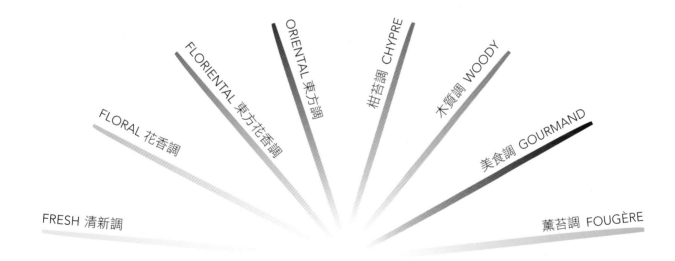

FLORAL 花香調
FLORIENTAL 東方花香調
ORIENTAL 東方調
柑苔調 CHYPRE
木質調 WOODY
美食調 GOURMAND
FRESH 清新調
薰苔調 FOUGÈRE

" 我們對香氛家族的好惡完全是直覺式的，對香水的喜好可能來自於基因、生活體驗，甚至記憶。 "

FRESH 清新調

帶有令人精神一振的沁心柑橘香，大部分的古龍水都屬於此家族。活力充沛的香調是其主要特色，像是檸檬、香柑（bergamot）、柳橙、葡萄柚及橘子，這些調性也多少與柑橘調有關。「柑橘調」（hesperides）這個字，是希臘神話中看守赫拉的金蘋果園的女神。清新調的香水氣息清澈，常見於淡香水（eau de toilette）與古龍水（eau de Cologne）中，我們完全想不出任何「清新調」的香精（parfum）。此類香氛即使大量噴灑也無妨，而且或許更適合夏日，有些令人想起海邊的微風，有些聞起來則似裝在瓶中的陽光。清新類型擁有許多「近親」，如果你喜愛明亮雀躍、爽朗輕盈的香水，不妨花些時間多多嗅聞，開發新的愛好。

代表性的清新調香水：

- Acqua di Parma Colonia（克羅尼亞古龍水）
  ——Acqua di Parma（帕瑪之水）
- Ô de Lancôme ——Lancôme（蘭蔻）
- Organic Glam Citron——The Organic Pharmacy
- Eau Universelle——L'Occitane（歐舒丹）

FLORAL花香調

這是最被廣為使用的香氛家族，絕大多數的女香都屬於此類。花香調極為女性化（花香調的中性香水非常少見），而且在所有的香氛家族中，可能也是最容易辨認的，其香氣令人想起六月婚禮的捧花、花園派對、春天綻放的花朵。花香調香水很常使用茉莉（jasmine）、牡丹（peony）、梔子花（gardenia）、晚香玉（tuberose）、鈴蘭（lily of the valley）、木蘭花（magnolia）、金合歡（mimosa）等。

有趣的是，茉莉與玫瑰這兩種最知名（也最受喜愛）的花香調，在傳統上幾乎所有的香水組成中都有它們的蹤跡，有如香水世界的基石。真正的花香調中，這兩種花香會特別明顯，但它們也在其他香氛家族的表面下隱隱閃現，即使幾乎無法察覺，茉莉和玫瑰卻支撐起整個香水的架構。

花香可加入少許辛香料使其偏暖，也可加入果香，而花香調家族下又有許多「次家族」（東方花香調就是近親之一）。如果你想要研究花香調，那你永遠不會感到厭倦，因為花香的種類之豐富多樣，讓人探索不盡。

代表性的花香調香水：

- White Gardenia Petals（白梔子花瓣）——Illuminum
- Very Hollywood ——Michael Kors
- Moschino Cheap & Chic——Moschino
- Live in Love——Oscar de la Renta

WOODY 木質調

即使有些香水聞起來的確非常近似柑苔調，但它們卻是名副其實的木質香。事實上，這兩個家族雖然有些共同的特點，但一般來說木質香並沒有柑苔調的花香感。

調香師使各式各樣美妙的木質元素交織在香水中：檀香、雪松（cedarwood）、沉香（agarwood）、癒創木（guaiac wood，算是乾燥的煙薰味），也使用廣藿香與岩蘭草（vetiver）。後兩者並非木本植物，但濃郁的泥土與木質氣息，很難想像它們其實分別取自植物的葉片與根部。

木質調香水中若再加入辛香、花香或草本香調（aromatic），就會有不同變化，因此如果你喜愛木質調（或單純想要知道它們聞起來的味道），此家族中可探索的變化非常多樣。許多男香、中性香水與少數女性皆屬於木質調家族。

代表性的木質調香水：

- Sycomore（梧桐影木）──Chanel
- Vol de Nuit（夜間飛行）──Guerlain
- Rogart──Molton Brown
- Dzing !（馬戲團慾望）──L'Artisan parfumeur（阿蒂仙之香）

FOUGÈRE薰苔調

現今絕大多數的男香都屬於薰苔調，而且配方中總有薰衣草（lavender）、天竺葵（geranium）、岩蘭草、香柑、橡木苔及香豆素。但說來有些諷刺，薰苔調香水來自1882年Houbigant推出的Fougère Royale（皇家馥奇），最初是為女性所設計。Fougère是法文的「蕨類」之意，如果想要認識這些帶著蕨類香氣、充滿綠意的香氛，以下幾支經典的香水能為你增廣見「聞」。

代表性的薰苔調香水：

- Prada Pour Homme（同名男香）──Prada
- Joop ! Homme（同名男香）──Joop
- Cerruti 1881──Cerruti
- Suffolk Lavender（薩芙薰衣草）──Shay & Blue

perfume portraits
香水情緒板

市面 上的香水多不勝數，除了經典的老牌香水，還有不斷推陳出新的版本，真是難以抉擇。

加上每年平均都有一千三百支新香水問世，究竟要如何找出最適合自己的完美香水？或許嘗試將香氣視覺化，也有助於判斷。這些香水情緒板（mood board）就

如同香水本身，很直觀的幫助你「看見」適合的香水。

選出最喜歡的圖像，於19頁找出自己是哪個家族，然後在「認識香氛家族」（見8-13頁）閱讀更多相關內容。或許你會發現自己對不同類型影像的喜好難分軒輊，沒關係，許多人都會依照心情搭配不同家族的香水。

A

戶外、歡欣、具清新空氣感，充滿夏日的微風氣息，大部分較適合週末使用。

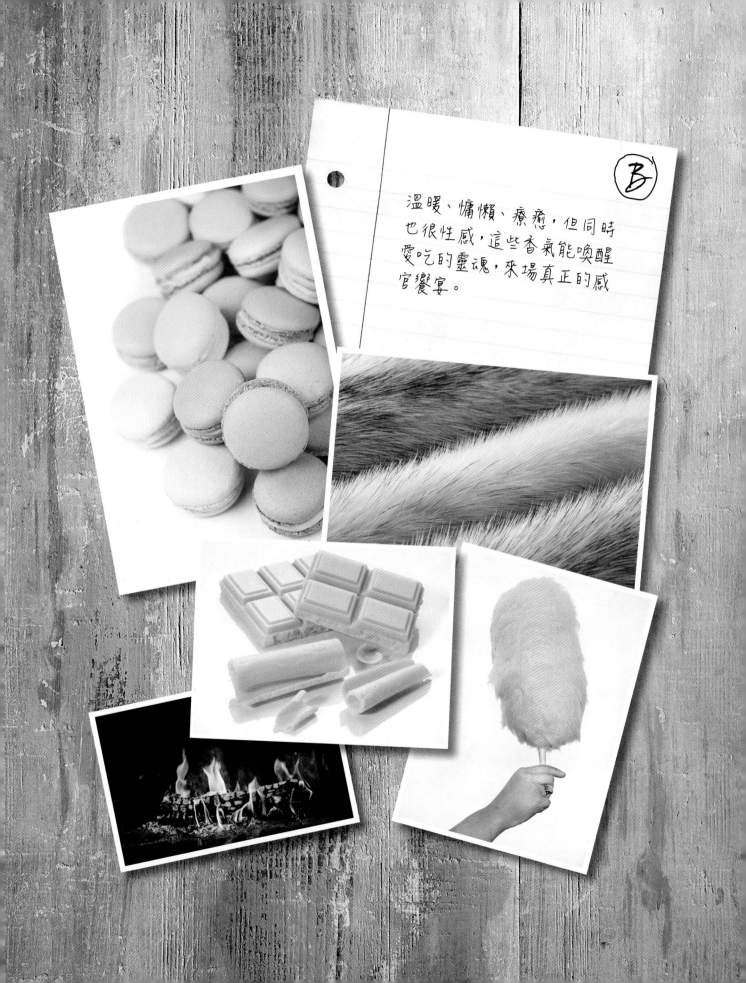

溫暖、慵懶、療癒，但同時
也很性感，這些香氣能喚醒
愛吃的靈魂，來場真正的感
官饗宴。

Ⓒ 官能、豐饒且經典，這些是全然女性化的香氛 —— 適合時髦的日間打扮與正式的晚間穿著。

既豐美又高雅，但也
極為輕柔幽微，可視為
裝在瓶中的優雅。

性感、高雅且極具異國風情，
適合所有大方展現自信的女
性和晚間使用。

混合柔美的花香、甜美的辛香料與成熟的水果氣息，適合有型的時尚愛好者與喜愛新奇事物的人。

或許 你已經知道， 例如 Chanel No. 5的香精比淡香水版本濃烈，也較持久。不過選用的何種濃度也會反映出你想要何時（以及如何）使用香水。

香氛在肌膚上停留的時間取決於三個要素。首先是膚質：香氣在乾性皮膚上「揮發」得較快，在油性皮膚上則停留較久（這大概是油光滿面的少數優點之一吧）。第二則是香水中的成分：柑橘調較容易揮發，比起帶煙薰感的辛香料、性感的麝香及緩緩發散的木質調更快消逝。第三個關鍵的因素則是香水的「強度」。在身上隨意噴灑香水之前，必須先認識香水的濃度。最基本的經驗法則就是，濃度或「強度」愈高，價格也愈高。不過最近有愈來愈多限量發售（且非常令人興奮）的新品牌成立，顛覆了以往香水世界的規則，價格規則已不再適用，有些頗「清淡」的香水售價卻相當高昂。

言歸正傳，香水大多是以酒精（乙醇）、水及香精油（scented oil）混合而成，有些香水則只有乙醇與珍貴的香精油。

「香精」（英文：perfume，法文：parfum，有時也寫作 pure perfume或perfume extract，或法文的extrait de parfum），香精中的香精油成分含量需在20-40%之間，並調入酒精和／或水。市面上常見的香水，濃度皆偏國際香水協會（IFRA，International Fragrance Association）所規定的最低標準，不

> 淡香水在英國與許多國家是銷售量最佳的香氛濃度。

tip

小技巧

溫度是啓動香水的關鍵

更準確地說，是人體的溫度：一般認為脈搏處（身上較容易感覺到心跳的部分）的溫度稍高，是塗抹香水的理想部位。脈搏處包括鎖骨之間的頸部、兩乳之間、手肘內側以及膝後，甚至踝骨旁。但事實上呢，我非常喜歡香奈兒女士（Coco Chanel）的建議：「香水應該擦在任何你想要被親吻的部位。」

過仍算強烈，這也解釋了為何所有香水系列中的「香精」版本總是最昂貴的。香精一般在肌膚上停留的時間最長，可達六至八小時（有時甚至到隔天），而且還會留下「香蹤」（sillage）。「香蹤」這個字，表達了香水如何暗示你的到來，或是行過的痕跡。香精是屬於夜晚的，適合特殊場合，像是婚禮、派對等等，而非日常使用。因此，這些「真正的香水」通常不像濃度較低的香水般裝在噴霧或按壓式的瓶中，而是塞式玻璃瓶，輕輕點上這些昂貴液體時，就像進行儀式般極為悅人。

「淡香精」（eau de parfum，縮寫為EDP）含有10-20%的香精油（這類香水的典型濃度為15%）。淡香精的氣味也很強烈，至少可持續四至五小時。某些內行人士建議，如果想要物超所值，由於淡香精的價格比香精低上許多，是更划算的選擇。因為淡香精的氣味還是頗為濃烈，日間少量使用，夜晚打扮漂亮時則可增加用量。

「淡香水」（eau de toilette，又稱EDT）就清淡多了，水與酒精中的香精含量在5-15%之間。這個名稱又是怎麼回事呢？Toilet water（廁所水）聽起來不怎麼浪漫，其實源自法文的「faire sa toilette」，意即梳妝打扮的儀式，噴上香水（無論濃度）則是最後一道增添魅力的手續。淡香水適合上班、面試，或是任何想要擁有自己的香氣讓自己心情愉快的時刻使用，而不是吸引他

人的注意。持久度約只有二至三小時，然後最後一縷香氣就會消失無蹤。不過淡香水在英國與許多國家卻是銷售量最佳的香氛濃度。

「古龍水」則更清淡，通常只有隱約的香氣，含輕爽如柑橘和青草調的成分，傳承自這類香水的古代配方。不過古龍水沒有具定香功能的基調，香精油濃度只在2-5%之間，總而言之是濃度較低的配方。非常適合早晨噴灑「讓精神煥然一新」，或是在白天用於靜心緩神，但別期待古龍水的香氣能夠縈繞太久，持續兩個小時已經算是表現得非常不錯了。

「清香水」（eau fraîche）也是你有時候會在標籤上看到的字眼：清淡、芳香，通常作為夏日的清涼噴霧，偶爾也推出無酒精的配方（有時則會發行知名香水的夏季限定版本）。香精油濃度約3%，香氣壽命則不超過兩小時。

「鬍後水」（aftershave）的濃度約在1-3%，有些香氛古龍水甚至男士用的淡香精等，也會做到這個濃度，不過鬍後水的配方中有時含有蘆薈，或其他鎮靜成分以舒緩肌膚，專為剛刮過鬍鬚的皮膚所設計，能迅速帶來一陣令人心滿意足的香氣後，旋即消失無蹤。

極少數的時候，你會在標籤上看到「eau généreuse」或「eau d'abondance」之類的字眼，這些香水

Perfume
香精 (Parfum)

濃度
20-30%

最多可維持
6 至 8 小時

Eau de Parfum
淡香精 (EDP)

濃度
15-20%

最多可維持
4 至 5 小時

Eau de Toilette
淡香水 (EDT)

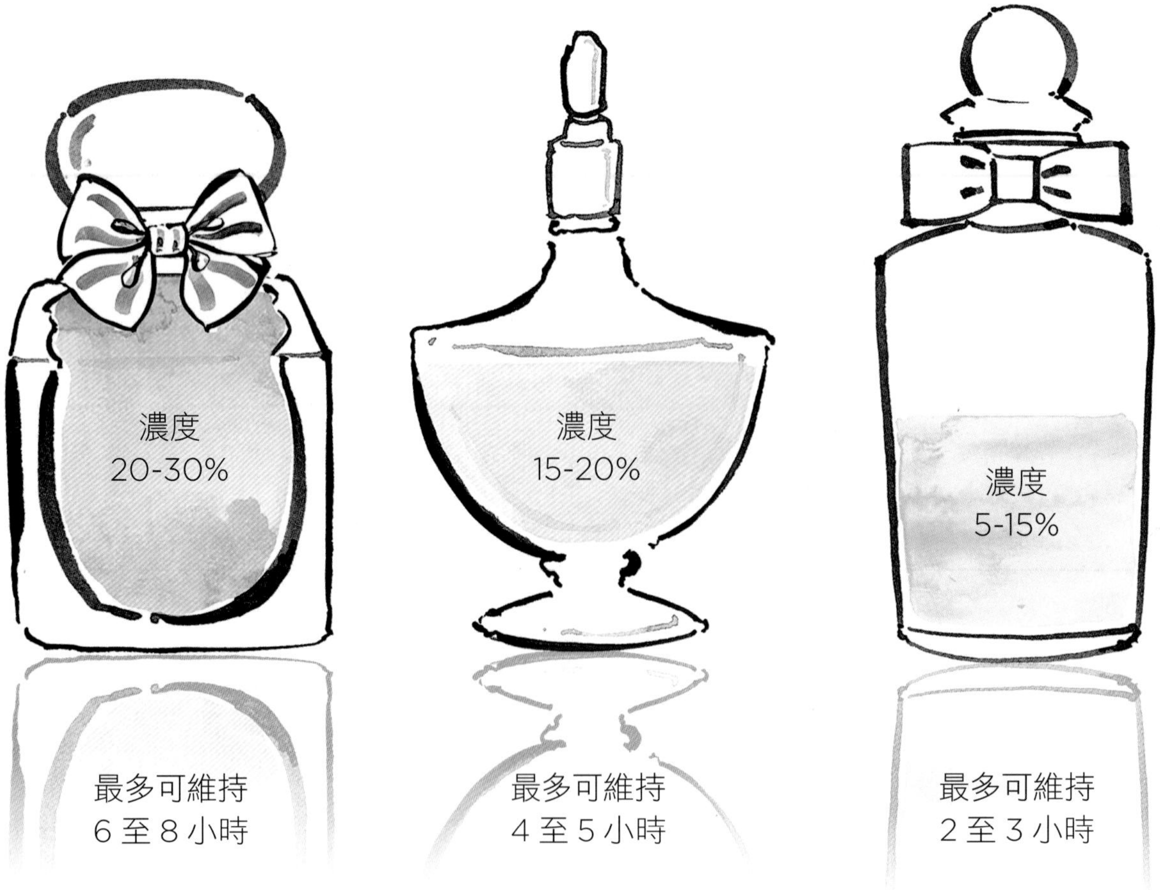

濃度
5-15%

最多可維持
2 至 3 小時

通常是極大瓶裝，專為恣意噴灑設計。該名稱指的是香水瓶容量，而非香水濃度，然而，一般而言類香水瓶中裝的是淡香水或古龍水。

以上就是最常見的名稱與濃度。但光看香水標籤上面的成分說明，仍然不足以當作挑選的指標。香水公司不僅會推出不同濃度的系列香水，有時還會依照不同濃度版本改變配方。也就是說，如果你找到一款非常喜愛的香水，務必嘗試同系列中的各種濃度。或許你會發現自己喜歡淡香水，但香精版本卻太老氣，或者剛好相反，香精版本令你陶醉不已，而淡香水卻似乎沒有這樣的魔力。這也再次解釋了沒有什麼比在自己的皮膚上試香更好的方法，即使你必須在找到最合拍的香水產品之前，試噴一大堆香水，就像親吻一大堆青蛙以找到一個真正的王子一樣。

Eau de Cologne
古龍水（EDC）

濃度
2-4%

最多可維持
2 小時

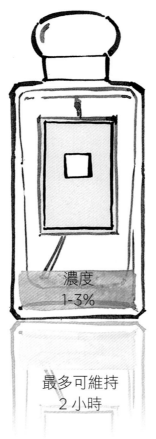

Eau Fraîche
清香水

濃度
1-3%

最多可維持
2 小時

---

tip

小技巧

乾性肌膚更要經常補噴香水

無論是哪種膚質，多層次使用可讓香水更持久。如果你喜歡的香水也有同系列的沐浴產品、身體乳霜或是體香粉，香水便能依附其上，確實加強香氣的持久度。如果沒有同系列的沐浴與身體保養品（或是超出預算），無香氣的滋潤乳霜是香水的最佳「打底劑」，但千萬避免任何會和你心愛香水衝突的產品。熟悉自己的香水與保養品調性的人，不妨嘗試香氛疊擦，雖然可能會把創作這款香水的調香師氣得七竅生煙。Chanel、Guerlain和L'Occitane也有推出專為香水打底的身體乳霜，增加旗下產品多樣性、延續香氛在肌膚上的持久度。經實驗證明，就算搭配任何其他品牌的香水效果也都很好。

Smell is a potent wizard that transports us across thousands of miles and all the years you have lived

氣味就像法力高強的巫師，
帶著我們越過千里路，
回到曾經的歲月。

——海倫·凱勒

how to find your next scent love

如何找到香水新歡

香水 不是一般百貨，更不是內衣（那些每天都穿 La Perla或Agent Provocateur的人不算），你身上的香氣，極有可能是朋友與家人在你離開人世許久後記得你的方式。

購買香水一點都急不得，尋找、塗抹或噴灑新香水的過程可是樂趣無窮呢。近來興起使用與創作香水的熱潮，意味著有愈來愈多香水產品可供我們發掘。建議你親自用鼻子一探究竟。

以下幾點注意事項，能幫助你更容易找到下一個香水新歡：

前一晚不要食用辛辣的料理或大蒜。 這些氣味會從皮膚透出，改變香水的氣味，別懷疑。即使你不會真的聞到咖哩味，但仍會造成影響。

> 尋找新香水的
> 樂趣無窮。

若使用體香劑，記得使用無香的。免得香氣彼此衝突。

穿著乾淨的衣物。 專家建議乾淨白T恤是選購香氛時的最佳穿著（勿使用過多洗衣精或衣物柔軟精，以免味道衝突）。香水會附著在衣物上，影響你身上的氣味，而且任何你之前使用過的香水都會在喀什米爾毛衣、羊毛外套，尤其是絲質衣物上留下蛛絲馬跡。

早晨是最理想的選購時刻。 因為鼻子絕對較清爽，而且通常百貨公司與香水店的人也較少。可能的話就空出一整天，別趕時間，來個特別探勘日吧。

認可 噴在試香紙上的香水後，接下來就是將香水試噴在皮膚上了。一次試一種香水較理想，可試在手腕或肘內臂彎處。同時試兩種香水還算可行，畢竟現代人生活步調緊湊繁忙。但絕對不要超過三種，否則一定會錯亂。

記得在包包中放一張貼紙做為標記用。將它貼在脈搏處，並寫上此處噴了何款香水。這不是在逗你，說真的，最厲害的調香師們都這麼做呢！

接著離開專櫃，靜待至少一小時讓香氣逐漸散發——隔夜更佳。此時最容易因為太過心急聞個不停，一不小心就刷卡。千萬別這麼做！大部分的人錯在以稍縱即逝的前味或中味（約10-15分鐘後逐漸出現）作為選擇香水的依據。要了解一款香水，必須「品嘗」過其香調組合的所有進程，因此別急著下定論。應該待香水最後的味道也浮現後，再決定是否購買。一般而言，需要至少兩小時才能讓調子完全展現。買下一支香水後，真正伴隨你的是後味（base notes），而這味道得要能跟你「對話」才行（或對你美妙的歌唱）。

如果在這之後你還是非常喜歡其中一款香水，可擇日回到專櫃，試噴全身。我的老友洛傑・朵夫（Roja Dove，Roja Parfums創辦人）曾說：「箇中差異就像看著一件洋裝掛在衣架上，和穿上它。」

若能向銷售人員索取試用品更好。試著使用幾天。然後，唯有

你真心喜愛時再掏出信用卡。如果你覺得在這個事情永遠做不完而時間總是太少的世界裡，這些聽起來實在繁瑣得難以接受，只需捫心自問：過去你曾買了多少瓶香水，並且厭倦的速度幾乎比唸完「eau de parfum」還要快？

記住，銷售人員通常可以抽成。百貨公司中大部分的銷售人員只會推薦自家專櫃品牌的香水。在某些案例中，銷售人員可能是品牌安插的促銷專員，只為了衝刺單一高利潤香水的銷售量。沒錯，遇到知識淵博的銷售人員，我們非常樂意向他們致敬，但僅是少數。

不要因為感覺有壓力而購買。千萬不要。

那首歌是怎麼唱的？「You can't hurry love（愛急不得）」。一支新香水就像一段新戀情，這道理也適用於選購香水。

虛擬香水諮商（FR.eD）有用嗎？

現在有許多行動裝置上的香水app與「虛擬香水顧問」，可根據你已知的喜愛香水，給予頗富知識性的建議，推薦的香水通常都能命中用戶的喜好。（試試Givaudan的iPhone應用程式iPerfumer。或是線上諮詢網站www.nose.fr，這是一間巴黎香水專賣店的網站，大部分推薦小眾的精品香水）。在此我們非常驕傲地介紹第一個虛擬香水諮商FR.eD（Fragrance Editor）——由本書作者之一蘿娜・麥凱（Lorna McKay）於1992成立。最近FR.eD經過一番改頭換面，登上我們的網站www.perfumesociety.org（請點選FIND YOUR NEXT FRAGRANCE）。你可以輸入愛用的香水名稱，FR.eD會在市場上數千款香水中，幫助你快速找到其他值得一試的香水。

香氛世界建立起自己的一系列語言，有時就像拉丁語一樣晦澀難解。相信我，沒有人天生就知道「香蹤」（sillage，意指飄散在一個人身旁的幽微香氣，或是行經後留下的餘香）的意涵，更不用說原文該怎麼唸了。

do you speak perfume?

你懂香水術語嗎？

首先

讓我們來看看「香水金字塔」——標準的香水構成。近來市場上出現愈來愈多「線型」（linear）香水，這種香水結構能讓人更快速直接地了解一款香水經過時間變化後的氣味，不過大多數的人還是遵循金字塔結構。

香水的結構

前味（top notes）香水中的成分由於分子大小各異，揮發程度也有所不同。最小的分子逸散至空氣中的速度最快，這也是為何柑橘調的古龍水無法在肌膚上停留太久，因為這些分子非常微小。絕大多數的果香調也都是前味，只有在噴上香水的頭幾分鐘能聞到。

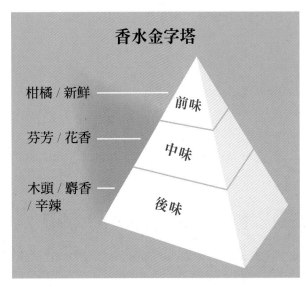

香水金字塔

柑橘／新鮮 ——— 前味

芬芳／花香 ——— 中味

木頭／麝香／辛辣 ——— 後味

中味（heart notes）香水的中味經常以玫瑰（rose）、茉莉兩大天王與其他花香調如鳶尾花（iris）、依蘭依蘭（Ylang Ylang）和紫羅蘭（viloet）等撐起整體架構。這些中等大小的分子組成香水的中味，通常在十至十五分鐘後開始散發，在皮膚上停留的時間較前味長。

後味（base notes）較大的分子能在皮膚上停留數小時，有時有些香氣也能做為「定香劑」，減緩前味與中味的散逸，並能讓香水在皮膚上停留較久。後味包括許多動物香調，如麝香、麝貓香（civet，現代使用人工合成品）、龍涎香（ambergris），及各式辛香料（肉桂、香莢蘭）、苔蘚調（特別是橡木苔）與木質調，像是檀香木與雪松等等。如我們先前所說，挑香水最重要的就是後味，前味與中味消失後，這些才是真正伴隨你的香氣。

丹妮絲·帛露（Denyse Beaulieu）在她的書《The Perfume Lover》中清楚地描寫香氣如何逐一浮現：「香水的氣味層次就像一場接力賽：隨著一種香調散發，另一個香調或香氛和弦——也就是同時綻放的數種香調緊接而來，就像鋼琴和弦般，比起獨自表現，混合時又創造出不同效果，承先啟後地訴說故事。」

原精（absolute）原精是非常珍貴的香水原料，是從各種植物如玫瑰、茉莉等萃取的天然香氛材料，通常以溶劑取得，最常使用的是己烷（hexane）。透過此程序得到的萃取液過濾後，再經過蒸餾濃縮，就會變成蠟一般的結晶，稱為「凝香體」（concrete）。接著將這些帶香氣的化合物以酒精（乙醇）再次萃取，酒精揮發後就會剩下油——也就是原精。整個過程十分耗時、所費不貲，也難怪最後得到的高濃度香氛原料價格如此高昂。

作曲家為雙耳譜寫樂曲，
調香師則為取悅嗅覺
而創作香氛和弦。

香氛和弦（accord） 香氛和弦由數個單一香調組成，用以製造出不同的香氣效果。香氛和弦可能是以兩種香調組成，也可能包含數百個香調。許多調香師在調製商業香水時會刻意區別香調香氛和弦的特色——就像作曲家譜寫討喜的和弦。之後他們可能直接取用這些組合，在

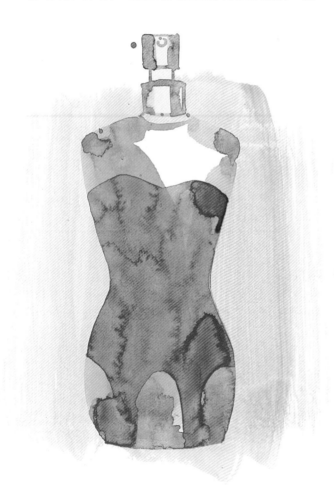

更複雜的香水作品中創作出特定的效果。所有香水中最知名的香氛和弦非Guerlain的同名香水莫屬，其香調組合是最高機密，也令Guerlain生產的所有香水擁有絕不會被錯認的特殊香調（溫暖、甜美、迷濛的感覺）。

醛（aldehydic） 醛屬於合成香調家族，Chanel No.5是最廣為人知的應用例子。有時帶點粉味（powdery），為香水予人的第一印象增加亮點，有點像打開香檳時迸發的氣泡。

動物香調（animalic） 動物香調擁有性感的特質，被應用在香水中已有數世紀、甚至數千年之久，即使聞起來很「乾淨」，但絕大多數的原料都非常詭異，很難想像早期的調香師究竟如何突發奇想認為這些味道適合用在人身上。不過如果用量少，動物香調可增加香水的深度與官能強度。麝貓香（來自麝貓或鼬鼠）、麝香（麝香鹿）及海狸香（castoreum，取自海狸）都是動物香調——不過由於保存不易且殘忍，現在都以合成香取代。某些植物也能表現「動物香調」的特性，例如帶有溫暖汗味的小茴香油（cumin oil）。

嗅覺喪失（anosmia） 嗅覺喪失的人無法聞到氣味。有些人因服藥後的身體反應或頭部遭撞擊而喪失嗅覺。嗅覺喪失的狀態有可能是永久的，並影響生活品質。另一種更普遍的嗅覺喪失症，是無法分辨某些正常人聞得出來氣味，例如合成麝香。

草本香調（aromatic） 意指擁有碧綠、令人心曠神怡、呼吸清新暢快等特質的庭院香草植物原料，像是薰衣草、鼠尾草（sage）與迷迭香（rosemary），另一種典型是接下來會講到的樟木調。

香脂調（balsamic） 香脂調的原文唸起來就是「巴薩米克醋」，但這跟香水有什麼關係呢？香脂調通常代表在香水中使用樹脂，但也意指予人香甜旖旎且溫暖印象的香水（其實和醋一點關係也沒有！），東方調香水經常帶有香脂調的特色。

樟腦／樟木調（camphorous／camphoraceous）乾淨清新，聞起來帶藥草感，是令人心曠神怡的氣味。這個形容詞不只意指樟木本身（樟腦丸般的氣味），迷迭香、薰衣草、醒目薰衣草（lavandin）、松樹（pine）及其他松柏植物油（conifer oils），也都稱為樟木調。

柑苔調（chypre） 此家族由花香、柑橘、苔蘚與琥珀香調相互搭配而成，幾乎總是包含橡木苔、勞丹脂、廣藿香及香柑。雖然據說柑苔香水源自羅馬帝國，並在瑪麗皇后（Marie Antoinette）的時代大為流行，不過1917年法蘭索瓦・科蒂推出一款名為「Chypre」的香水後，才進入柑苔調的現代時期。Chypre一字即為法文中的「塞普勒斯」，因為許多這類香氛的原料皆盛產於地中海沿岸而得名。

組曲（composition）每一款香水都像一首樂曲，由各個和諧安排的音符混合而成。我們經常將音樂與香水相提並論，因為這兩種藝術形式擁有共同的語言。作曲家為雙耳譜寫樂章，調香師則為取悅嗅覺而創作香氛和弦。

分裝（decant）有些線上香水專賣店（在美國尤其如此）提供「分裝」的香水，也就是將大瓶裝的香水分裝至試用小瓶做為顧客試用品。我們非常支持提供試用品，最理想的狀態是製造商能夠嚴密監控分裝過程，確保潛在顧客聞到正確的香水氣味。但通常，對於分裝香水是否妥善保存、已經放了多久，甚至是否為該香水在市場上的最新版本，這一切我們都無從得知。

尾香（dry-down）這是香水的最後階段——在塗抹噴灑後數個小時才現身的「角色」。調香師認為這是香氣散發中最重要的階段，因此為香水的後味及「持續力」煞費苦心。

樣品（factice）意指「假香水瓶」，用來放在店裡或櫥窗中展示，裡面裝的並不是香水。在極少數的情況下，店家可能會不小心錯將樣品賣給客人。如果你買了一瓶香水，回家打開後卻什麼氣味也聞不到，很可能是店家犯了這個錯誤，趕快帶著瓶子回店裡吧！

定香劑（fixative）用來延長香水中其他較易揮發成分的生命，防止它們太快消散。有些著名的後味也是定香劑，如安息香（benzoin）、乳香（frankincense）、麝香及鳶尾根。

系列產品（flanker）當一款香水暢銷時，香水公司便希望從中獲利，因此常常以各種主題推出變化版（有時則是限量款）。一般來說這些版本以同樣的瓶身包裝，不過顏色或細節可能有所不同，或以不同方式裝飾。如果你特別喜愛的某款香水推出系列產品，總是值得一試的。

花香氣（floralcy）基本上這是一個較為女性化（但仍被廣泛使用）的詞，意指「花一般的」。

薰苔調（fougère）法文fougère的意思是「蕨類」，予人青翠、蕨類般的感受，多運用在男香之中。但諷刺的是，蕨類本身沒有任何氣味。薰苔調家族的名字來自Houbigant 1882年首次發行的的香水Fougère Royale，在經典古龍水的配方（薰衣草、柑橘及天竺葵）中加入合成香豆素、琥珀、橡木苔及麝香。這個香氛家族十分令人喜愛，如果還不太熟悉，我們建議好好認識它！

別摩擦！

我們總是看到許多人在擦上香水後，粗魯地摩擦兩隻手腕，試圖「抹開」或「溫熱」香水。但調香師法蘭西斯・庫克吉安（Francis Kurkdjian）解釋：「摩擦會使香水升溫，改變香氣的作用。這就像飲用溫度不對的香檳。」所以還是耐心點，輕輕揮動手腕，香水很快就會乾了，然後你的香水就會散發應有的香氣，也會在皮膚上停留得更久。

美食調（gourmand）「美食調」指的是那些聞起來好吃得不得了的香水，充滿令人垂涎欲滴的香氣，諸如焦糖、巧克力、香莢蘭、棉花糖、帕林內等等。Thierry Mugler的Angel香水令美食調香水大受歡迎，但因此現在許多女性香水或多或少都有些美食調的元素。

青草調（herbal）令人想起割下或曬乾的青草，如薰衣草、迷迭香、鼠尾草，或是帶有剛除完草的氣味。

吲哚調（indolic）某些白色花朵，如茉莉、苦橙花、紫丁香（lilac）、橙花、晚香玉等，皆有樟腦丸般的氣味，濃重凝滯且非常強烈，或是有微微的腐敗感，這是來自花朵中一種稱作「吲哚」的獨特氣味成分。也有些人認為吲哚聞起來頗具動物感，甚至像糞便，但事實上吲哚不只有樟腦丸的特性。無論天然或合成，大量的吲哚聞起來令人難以忍受。但經過調香師巧妙地稀釋後，可令香水更加迷醉動人。一般我們用「吲哚調」來形容香水特性時，是指濃郁的異國白花香氣。

皮革調（leathery）某些香水成分令人想起皮革以及麂皮（suede）的氣味，讓人好像來到紳士俱樂部。動物香調、有時帶煙薰及乾燥感，或是較男性化的這些香調在在香水中較為明顯時，我們會將之稱為皮革調。Chanel的Cuir de Russie（俄羅斯皮革）就是最完美的皮革香調例子。

線型香水（linear）近來有許多關於線型香水的爭論，這是某種「聞到什麼就是什麼」的香水，而且已然成為趨勢，因為香水品牌不希望只是抓住消費者的注意力，而是希望在噴灑的第一時間就能全然展現香水特色，以促進立即性消費。基本上線型香水的前味與後味差異不大，這是與傳統香水（金字塔結構）稍微不同之處，但不代表單調無趣，還是有許多非常美妙的線型香水。

鼻子（nose）在香水產業中，常常直接戲稱調香師為「鼻子」，調香師能混調香氛原料以創造香水與各種香氛產品，即使是最頂尖的調香師也常常製作洗衣粉與居家香氛產品，除非他們專為某些大型香水公司擔任工作

而受到限制。在法國，調香師稱為「le nez」，有時也使用「parfumeur créateur」一詞。在創造香水的過程中，許多專業調香師以外的人們也參與其中，他們有時做為評鑑人員，或是「創意總監」，即使他們並沒有成為真正的調香師，香水產業仍然為這些離成為真正調香師只差一步的人，找到相稱的頭銜。

調香大師（master perfumer）法國香水公司Firmenich將「MP」（以大寫字母縮寫）此頭銜授予極少數在香水產業中，擁有卓越成就與創造力的調香師。不過卻無法阻止一些調香師隨便宣稱自己是個「mp」（他們通常用小寫字母的縮寫）。

麝香調（musky）幾乎所有香水的後味都隱隱透著一至兩種麝香。麝香的種類繁多，皆有不同效果：白麝香聞起來像剛熨好的亞麻布料，有些的麝香則帶有香甜的乳霜味，還有一些更具異國風味。但當我們用「麝香調」形容香水時，通常意指香氛的深度與性感，也就是帶有一點野性。（要是你並沒有使用麝香調的香水，卻有人

說你聞起來有點「騷味」，那你最好聞聞自己的腋下，那可能是你的狐臭。）

東方香調（oriental）此香氛家族以傳統上使用在東方與阿拉伯香水中的香料為基礎，像是香莢蘭、麝香、廣藿香、香脂、檀香、辛香料等等。東方香調具異國風情、辛辣性感，一般來說較不適合日間使用。

海洋氣息（ozonic）想像一下暴雨過後的空氣，或是沿著海灘漫步，浪花碎在岸上飄來的陣陣氣息。海洋香氣以合成原料創造而成，令人想起清新空氣的氣味。

粉香（powdery）有些原料賦予香水柔軟、甚至幾乎就像擁有絨毛質地一般。鳶尾花、紫羅蘭、杏仁、天芥菜與某些麝香便帶有迷濛感。其效果可能有點像嬰兒爽身粉，或是「媽媽的蜜粉」，並以老式或現代方式演繹。Chanel No. 19就是現代的「粉香」作品，而Guerlain的Shalimar則是老式粉味香水的傑作。

濃郁（rich）華麗、放縱、濃烈，或許有點過頭，「濃郁」的香水好比紅色法拉利一般引人注目。一般來說，濃郁的香水以大量的花香、麝香或辛香料為特色，一聞到就能辨認出來。

香蹤（sillage）法語，意指足跡或船駛過水面的波痕。在香水領域中，這個字指的是一個人走過時所留下的香氣。

皂香（soapy）通常「皂香」一詞帶貶義，代表香水聞起來像廉價香皂（而非市面上較高級的香皂）。實際上某些「皂香調」香水也能非常出色，例如「醛香」就會帶來香皂氣息，某些麝香與橙花亦然。如果你喜歡，那就代表你覺得這東西夠好，請忽視其他人的意見吧。

單一花香調（soliflore）這類香水設計為呈現單獨一種花香，像是鈴蘭、玫瑰、薰衣草、梔子花等。事實上，絕大部分的「單一花香調」中使用了許多不同的成分以表現單一花朵或植物的氣味。

試香紙（spill）用來試香的試紙，以特別的吸水試紙製成。

香莢蘭調（vanillic）我們都知道香莢蘭的氣味，不過有些原料也帶有香莢蘭氣息，像是安息香、妥魯香脂（tolu balsam）等。但在香水術語中，專業人士不會說「香莢蘭氣息」，而是使用「香莢蘭調」（vanillic）一詞。

白色花朵（white floral）白色花朵包括茉莉、橙花、紫丁香、梔子花、緬梔（frangipani）、堤亞蕾花（tiaré）、晚香玉、鈴蘭等，全都擁有令人迷眩的效果。「綜合白色花香調」（bouquet）意指在一款香水中結合數種醉人的白色花香，創造出極度女性化的香氣。由於這類香水傳統上與「白色」有關，因此白色花香調常被認為是新娘的香水。

木質調（woody）就字面上的意思，用來表示香水中明顯的木質香調，如紫檀、雪松、檀木。廣藿香雖然是充滿綠意的草本植物，但也帶有「木質香」。比起以女性為目標族群的香水，男香較常偏向木質調。

充滿活力的（zesty）清新、雀躍、振奮，充滿活力的香水捕捉了將手指戳入檸檬、柳橙或葡萄柚剝皮時，噴釋而出的油脂香氣。

---

tip 小技巧

如果希望收到香水做為聖誕禮物，就要清楚明確

絕對不要賭一把運氣，因為幾乎可以確定你絕對會大失所望。甚至不要釋放看似明顯的暗示，想要什麼就說清楚！我們會留張便利貼，上面寫著：「親愛的聖誕老公公……」。如此一來可以避免許多心碎、尷尬，以及金錢損失。

signature scent VS
慣用香水與私藏香水

試想如果在許多年後，當你的孩子、甚至乾兒子女兒們，在路上聞到某個陌生人的香氣時立刻想到你，這個念頭多麼美好啊。在過去，女人確實傾向於擁有「慣用香水」，此香氣與她們的肌膚與衣物如影隨形，幾乎成為她們個人特質的一部分。但，這種作法實在讓人難以就此滿足。

就拿我們的母親來說吧，她們一定會使用慣用香水，但同理，她們的服飾也很少。現代人的衣櫥規模日漸壯大，生活當然也更複雜繁忙。女人必須在一天之內努力扮演許多不同角色，從CEO到母親，從照護者到姊妹，從情人到私人助理。因此，僅僅一款香水是否真能帶領我們演繹這些角色呢？

如果選擇如此有何不可？我們不知道你是不是只用一種香水的女人，但如果信誓旦旦地認為自己將對一款香水永誌不渝，那你將會錯過許許多多多迷人的邂逅。香水世界始終不乏引人入勝的香氛，它們是純然的感

wardrobe of fragrances

官刺激，絕對值得好好探索一番——即使它們最後不一定會成為梳妝台上的一員。

我喜歡用鞋子來比喻香水。試問一下，你會穿著網球鞋赴舞會嗎？或是你會想要踏著五吋高跟鞋、步履蹣跚地逛農夫市集？你會在冬天踩著夾腳拖鞋，或是七月天套著雪靴嗎？我認為比起單純依照白天和夜晚選擇香水，根據不同的心情、季節更迭、甚至扮演的角色變化香水，更是一門學問。使用香水是裝扮的一部分，能在商務會議前提振士氣，或在煩悶的一天終於結束後轉換成浪漫的心情，與愛人共進晚餐。再者，就如香水專家與業界分析師瑪麗安・班黛絲（Marian Bendeth）所言，無論日夜皆使用同一款香水的麻煩是「僅能展現個人特質的單一面向」。所以嘍！

找出擁有的香水中「缺失」的那一塊。就像換季時我們打開衣櫃檢視，並決定：缺幾件T恤，可以買件夏天的洋裝，或是真的需要一雙漂亮一點的高跟鞋以便下班後赴晚餐。打造你的香水基本盤，像是日間用與晚間用（後者可以是前者同系列較為濃郁的版本），夏季用與冬季用。

想要不分四季地使用同款香水幾乎是不可能的。就拿我的朋友喬來說吧，她多年來愛戀Guerlain的Mitsouko（蝴蝶夫人），但換季時這款香水也會跟著冬季厚褲襪一起收起來。如果不知道如何開始，香水專賣店或百貨公司的銷售人員應該至少能指點你一些適合不同場合季節的選項。

不過必須注意炎熱的天氣會影響香水。這也是另一個在夏季換用較清新淡雅香水的好理由，因為熱度不只縮短某些成分在肌膚上的壽命，也會增加某些成分的強度，像是麝香、木質調的氣味在高溫下會過度強烈。根據我們的調香師朋友亞琪·葛拉瑟（Azzi Glasser）所言，「清新海洋、綠色、草本或柑橘香氛和弦都能表現清新、活力，有時也帶些清涼感，因此都很適合夏日。」

夜晚可選用較性感的香水。如果使用稍微濃烈一點的香水如淡香精，甚至香精，效果會更加強烈，或許也有更性感深沉的後味基調。

秋冬則可走更濃郁的路線。若想要一年到頭都用古龍水也無妨，但偏木質調、辛香感與果香更濃郁的香水確實能在秋冬揚眉吐氣，特別是香莢蘭、零陵香豆（tonka）、乳香、麝香、奶油感木質調（如檀木）、肉桂（cinnamon）、肉荳蔻（nutmeg）……等香調。某種角度來說，嗅覺上有如在柴火前包著喀什米爾毛毯般溫暖。

在辦公桌前何妨試試「舒緩」感的香水？薰衣草是少數科學證明具緩和作用的香療精油，因此非常建議在伸手可及之處準備一瓶純天然薰衣草精油噴霧，以備在辦公桌前抓狂的不時之需（在這個時間太少事情太多的世界裡，我們都有抓狂的時候）。噴霧不一定非得是香水，只要能用來噴灑在身旁即可。如果是酒精為主的噴霧，含油量不高的話，也可噴在科技抹布上擦拭電腦螢幕，既能使周圍環境更清新又可安定神經，真是一舉數得。

假期時不妨以玩樂的心情使用香水。旅行的時候我們一定不會放過當地才買得到的香水──無論是小型店鋪、露天市集，或是大型百貨公司（如今香水商品都太過全球化，而非地區限定）。旅行時選購新香水的好處是你可能較不匆忙，並注意到平常或壓力太大的緊湊日常生活中忽略的事物。我超愛在旅行時買新香水，並在特定的都市或渡假地點使用──並且心裡明白，當我們回家後，只要千分之一秒的時間，它就能帶我們回到那些地方。（但請一定要記得，香水會因不同的氣候而有不同的效果。）

我祖母雅詩·蘭黛（Estée Lauder）總是說，你打網球和出外用餐絕不會穿同一件洋裝，所以為什麼總是用一樣的香水呢？

——艾琳·蘭黛（Aerin Lauder）

每當有新發現，
總是提醒我香水
是如此單純的愉悅，
同時又可以是有力的配件。
在心情低落時鼓舞我，
令我感覺自己優雅、專注、
充滿玩心和力量。
香水讓我沉浸在自己的
幻想與神遊中，怎麼
可能只用一種呢？

——維多麗亞·芙蘿洛娃（Victoria Frolova）
Bois de Jasmin香水部落格

永遠當個香水「尋寶人」。雖然有時候想要專程選購某款香水，但同時也不要放過任何能嗅聞的機會。每當在店裡、在免稅商店（或在世界各地旅行時），聞聞抓住視線的香水瓶。這不算是亂槍打鳥，因為香水公司為了要設計出能在視覺上表達香水氛圍的瓶身，可是投入了大筆金錢。將香水噴在寫了筆記的試香紙上，過 會兒後 再拿出來聞

要是只想找到屬於自己的「慣用香水」呢？說實話，絕大多數我們認識的女人與男人都有一款最愛的香水，無論何時使用，都能立刻引起感官反應，喚起對某個地方或人物的回憶。每個人都該試著找到這麼一款香水，讓自己感覺更加出色、心情低落時能夠得到慰藉、或是沒有太多時間思考時可以使用。無論全年無休地對這款香水死心塌地，或是偶爾噴灑讓自己感覺更美好、或許更平易近人，全都取決於你。

香水可以非常精簡，或視預算還有梳妝台上的空間許可而定。如果要我們再多給一條建議，那就是在挑選任何香水時，都要聽從自己的直覺，還有鼻子——而非聽信擅於行銷，甚至過度奢華的香水廣告。

人不能一年到頭只用一款香水，還有另一個很合理的原因。我們的鼻子很快就會習慣特定香氣，然後就會因為嗅覺疲勞而幾乎聞不到了。數種香水輪替使用可使鼻子保持警覺，並讓我們更常注意到自己的香水，而不是把香水當成無趣的壁紙視而不見。

想要來點性感的嗎？

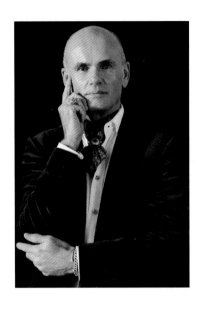

自古以來，香氣令我們受到其他人類吸引，也讓我們吸引其他人。現代人使用香水則是為了誘惑身邊的人，即便我們不肯承認，但事實就是如此。因此如果想要極富魅惑感的香水，可能要改變策略。我們向擁有自己香水品牌的香水專家洛傑·朵夫尋求建議，這類香水的選擇方法稍有不同。

● 不適合在「工作模式」下選購誘惑系香水。如果你的打扮比較有「魅惑感」（femme fatale），銷售人員會以不同的方式看待你，進而推薦較性感的香水。或許可試試在約會或特別場合前的傍晚，空出一小時逛逛香水。

● 最具誘惑感的香水後味都非常濃重，帶有極多香萊蘭調與動物香調，像是麝香、乳香，及木質調如檀木。你會發現絕大多數誘惑系的香水皆屬於「東方調」家族。不是香水專家也無所謂，只要問問銷售人員即可。（至於其他方面，請遵循前述的建議。）

● 買了性感香水之後呢？「若要增強香水的誘惑力量，別擦在耳後。」洛傑說道：「鎖骨上方較理想，男方在你耳邊低語的時候便會聞到；肚臍周圍也是很性感的選擇。記住，香氣會上升散發，所以不妨在膝後與腳踝也擦一點。」

---

tip 小技巧　讓你正在考慮的香水「運動」一下

這個點子來自香水部落格The Non-Blonde（見164頁），我覺得很不錯：「你不太可能在各種極端的氣候條件下測試香水。但你一定想知道在高溫或汗如雨下時，香水聞起來如何。我不是要用Angel薰死健身房的人，但可以試試在家做個簡單的運動、去快走，或是捧著待洗衣物上下樓梯幾趟流點汗。香水現在聞起來如何呢？」

how the magic of scent works on the mind

香氣如何對我們的心情施魔法

海倫‧凱勒關於氣味的名言深得我心：「嗅覺就像法力高強的巫師，帶著我們越過千里路，回到曾經的歲月。」為何香氣有如此魔力能帶我們穿越時空？現在就讓我們來看看「嗅覺心理學」。

只要深吸一口氣，就身在他處——祖母的溫室、夏令營，或是學校走廊。一縷氣味能喚起太多回憶，幾乎就像時空旅行。但為什麼氣味與記憶如此緊密地連結了？原因就是嗅覺受器直接連結「邊緣系統」（limbic system），這是大腦最古老也最原始的部分，一般認為那裡主司情緒管理，並儲存所有與情緒相關的記憶。

因此氣味能馬上連結至特定的人、時刻或地點，速度之快，當我們正確辨認出氣味——比方說檸檬或香莢蘭——的時候，邊緣系統就已啟動，並觸發深植的情緒反應。有時我們甚至無從得知為何對某種氣味的反應特別強烈、特別喜愛，或特別厭惡。奇妙的是，這可能在我們出生前就已注定：研究指出，胎兒在子宮中可能就已發展出對氣味的偏好。

沒有任何兩個人對氣味的喜好是完全一樣的，因此氣味偏好非常個人，這也是為何我強力反對以膚淺勢利（snob）的方法來評斷香水。

聞愈多，學愈多

如果在你居住或工作不遠處有間香水店或百貨公司，每次經過時不妨繞到香水部門，帶走一兩張寫上筆記的試香紙。接著上網做點關於這些香水的小研究，例如香調、所屬香氛家族，以及背後的故事。多做功課總是好事，就像學習品嘗葡萄酒，對氣味的世界了解得愈多，愈能樂在其中。

> **一縷氣味能喚起太多回憶，幾乎就像時空旅行。**

如果早在我們出生前就已注定，那麼喜歡特定氣味何來對錯優劣？對氣味的記憶，也可能來自某段生命經歷。例如我有個朋友曾在非洲病倒，發著高燒躺在床上，旁邊的窗戶飄進陣陣帶著茉莉花香的海風。將近二十年後——她一聞到這個香水世界中最細緻高雅的原料之一就反胃。

「不NG」、「不識貨」，那些都是胡言亂語。如果你喜歡路面正在鋪柏油、麥克筆，或是樟腦丸的氣味，也沒什麼好奇怪的。伊索比亞的達塞那奇部落（Daasanach）會在身上塗抹牛糞，因為牲口的氣味象徵豐饒多產與崇高地位。在某份問卷中，對於「你最喜歡的氣味是什麼？」一題，有各式各樣的回答，其中包含許多一般認為較不悅人的氣味（汽油，甚至汗味！），反之許多通常被認為宜人的氣味（例如花香）也遭到不少受訪者強烈厭惡。

鼻子知多少？

相較於野生動物的嗅覺甚至許多家畜與寵物，人類的嗅覺靈敏度簡直是羽量級，但還是算得上敏銳。人類能察覺微量的氣味，並可辨認上千種不同的氣味。而且還能更加精進，我也曾為了提升嗅覺而設計了幾堂工作坊。

人的鼻腔裡，有兩個區塊以「嗅覺受器」組成，約有五、六百萬個黃色的嗅覺細胞，遠低於兔子的一億，以及狗的兩億兩千萬，這也清楚解釋為何警界與機場利用狗來從事毒品偵查！不過，人類還是能夠察覺空氣中某些濃度遠低於萬億分之一的物質。

嗅覺與味覺密不可分。喪失嗅覺的人常說，食物也幾乎失去大部分的滋味了。只要一個簡單的練習，就能證明對味覺感知來說，嗅覺多麼關鍵重要。捏住鼻子，然後在口中放進一塊巧克力，細細品嘗三十秒，待巧克力融化並稍微咀嚼。然後這時才放開鼻子——你會體驗「滋味迸發」的感覺。我們舌頭上所謂的「味蕾」只能辨別五種味道：酸、甜、苦、鹹，以及「鮮」（umami）。不過在阿育吠陀料理中，有額外兩種滋味，分別是辣與澀，我們當然也有能力分辨。其他所有的「滋味」皆來自鼻腔上方嗅覺受器的感知。

人類在八歲時嗅覺就已發育完全。而且女性的嗅覺通常更為敏銳精確，女性在嗅覺能力的測試上總是優於男性，不信可以回家試試。

嗅覺能力的好壞與整體健康狀況關係密切。某些氣味研究者認為，對氣味的敏銳度在人類二十歲後開始衰退（一項更嚇人的實驗甚至指出可能在十五歲就開始走下坡）。不過其他科學家注意到大部分歸因於整體身心健康不佳，某些健康的八十歲老人，嗅覺能力與年輕成年人一樣優秀。結論是，照顧自己，就是照顧嗅覺能力。

此外，我們還有一個忠告：盡量避免使用鼻腔噴霧劑。邦妮·布洛潔（Bonnie Blodgett）在所著《Remembering Smell：A Memoir of Losing - and Discovering - the Primal Sense》這本迷人又驚悚的書中，描述自己因為不慎使用感冒噴霧劑導致的後果，先是出現「幻嗅」期，不斷聞到燃燒輪胎般的惡臭，轉變成「嗅覺喪失」，甚至夢魘般地永久失去嗅覺。

> 人類在八歲時嗅覺就已發育完全。

tip 小技巧　**永遠先香水後珠寶**

香水噴灑在珍珠或樹脂這類有孔隙的珠寶上會損傷表面，有時香水也會與金屬起反應（包括錶帶）並改變香水的氣味，但黃金與鑽石則無妨。

scents of time
時光的香氣

香氛 與人類的歷史，在男人（也可能是女人）第一次焚燒具有香氣的物質時——無論是祭祀，或單純個人享受——就再也密不可分。光是香水的歷史就可以寫一本書，不過此時此刻，先來看看簡單的香氛大紀事吧！

西元前4500年

在中國的文獻中，被發現最早記載對於芳香產物及其使用方式的描述。

西元前3500年

出土自埃及墓穴中的文獻顯示，古代的美索不達米亞與埃及人會焚香，相信能夠連結人類與神祇。埃及人也會在家中焚香，創造肉體與心靈間的和諧。考古學家甚至在保存狀況極佳的艾德福神廟（Edfu）中發現香水房（Perfume Room）。

古希臘人的生活也圍繞著香水。一般認為香水製作的技術起源於克里特島，克里特人實驗各種萃取技巧，煮沸香草植物和花朵，將萃取出的香氣浸入油中。香水一度極受歡迎，據說使得政治家梭倫（Solon）不得不暫時頒佈香水禁令，以防發生經濟危機。當時不論男女皆使用香水，是宗教崇拜的重要部分，用以取悅神祇，也是清潔工作中不可或缺的一部分。

西元前41年

埃及女王克麗奧佩托拉極愛香水，航行前甚至以香油塗抹船帆。據

香水之初

中國
已知最早使用香水

埃及
傳說克麗奧佩托拉使用香油誘惑馬克·安東尼

古希臘
據說香水製作的藝術起源於克里特島

古埃及
相信焚香能連結神祇與人類

| 西元前 4500 年 | 西元前 3500 年 | 西元前 700 年 | 西元前 41 年 |

傳她也利用香油誘惑羅馬執政官馬克·安東尼，使其成為她的愛人。

在中東與希臘的影響之下，羅馬人也愛上了香水。最初香水僅在宗教場合與重要葬禮中使用，不過在羅馬的官方酒神狂歡節，晚宴上皇帝尼祿在等待每道料理時，會在賓客身上噴灑玫瑰水（rose water）。尤里烏斯·凱撒（Julius Caesar）統治期間，會將瓶裝香水扔向群眾以慶祝羅馬的凱旋。西元一世紀時，羅馬每年使用2,800噸的乳香與550噸的沒藥（resinous myrrh），而羅馬噴泉中流淌的則是玫瑰水。

羅馬崩解後，香水跟著失勢。中世紀沒有什麼類似香水的東西。人們僅使用辛香料、花朵，以及隨處生長的植物，讓難聞的環境不那麼令人作嘔（想像一下，家畜在屋裡過夜，住家也沒有抽水馬桶⋯⋯）。中世紀末期開始，人們流行使用香丸（pomander）。香丸以軟化蠟製成，並混入黏土與香料，可隨身攜帶（通常掛在脖子上），或是用來保護衣物，避免收納時遭蟲蛀。

在阿拉伯世界中，香水歷史同樣悠久、枝繁葉茂。阿拉伯國度對香水的熱愛從來不曾減退，它是全世界唯一出產沒藥、桂皮、岩薔薇（勞丹脂的原料）及乳香的地方，特別是價值極高的乳香，能夠換取世界上最昂貴的物品。在絲路上，阿拉伯商人將乳香帶上駱駝商隊，仰賴星辰指引橫越沙漠，以滿載的香料換取珍珠、絲綢、馬匹、瓷器與黃金。

西元八世紀

焚香再度成為宗教儀式的一部分。羅馬天主教與英國國教（Anglican）中「高教會派」（high chruch）的儀式中仍會焚香，大部分包含乳香，阿拉伯仍是主要產地。

十字軍東征歸來為香水的使用帶來新刺激。凱旋的戰士們從塞浦路斯（Cyprus）等被理查一世征服之地，為女眷們帶回令人興奮的香水，充滿馥郁華麗的花香與香氣。據說玫瑰水的配方就是由十字軍帶回；用餐時為賓客奉上玫瑰水清洗雙手很快就成為貴族家中的習慣（真是美事一樁，畢竟當時尚未引進叉子⋯⋯）。

不過將香水提升到新境界的卻是義大利人。威尼斯是當時重要的貿易中心，因此成為香水與焚香原料抵達歐洲的必經之地，因此威尼斯曾在香水工業中扮演關鍵的角色

阿拉伯世界
阿拉伯商人將乳香帶上駱駝商隊踏上絲路

羅馬人
晚宴時皇帝尼祿會在每道料理之間往賓客身上噴灑玫瑰水香水

香丸的使用普及化

焚香再度成為宗教儀式的一部分

西元 100 年　　　　　中世紀　　　　　西元八世紀

達數世紀之久。同時由於歐洲科學家熱衷於分離出物質「精華」部分的過程，把同樣的技術應用在香水製作與醫藥，發明出精良的蒸餾技法。

1370年

為匈牙利女王伊麗莎白創造出第一支酒精基底的淡香水，就是知名的Hungary water（匈牙利之水），其中包含迷迭香和其他香料。文藝復興期間，香水主要用來掩蓋皮革製品經鞣製後產生的氣味，例如手套、手拿包、皮衣等等。同時間，在凱瑟琳‧梅迪奇女王（Catherine de Medici，1533年嫁給法王亨利二世的義大利女貴族）的影響之下，法國的格拉斯成為歐洲香氛原料的中心產區。從此「手套師傅」（Maîtres-Gantiers）便大幅掌控了香水產業。

路易十四

「氣味最甜美的國王」引爆了香水狂潮。路易十四痛恨沐浴，據說一生只洗過三次澡，但他熱愛香水，要求每天都要有不同的新香水。貴族們會花為數可觀的金錢，來調製個人香水。其中又屬瑪麗皇后最為奢侈，擁有私人調香師尚路易‧夫拉吉安（Jean-Louis Frageon），而另一位近近馳名的美人塔麗安夫人（Madame Tallien）則喜歡以添加香水的牛奶沐浴。

法國大革命

香水產業式微。原因很簡單，當時許多貴族男女都被送上了斷頭台，許多出手闊綽的客戶即使保住了腦袋也已一無所有。不過拿破崙和喬瑟芬在接下來的帝國時期仍是闊綽的大戶，拿破崙每個月固定訂購五十瓶古龍水，喬瑟芬則喜愛木犀草（mignoette），風信子（hyacinthus）、玫瑰、麝香及紫羅蘭香水。不過拿破崙最為人知的逸事之一，卻是喜歡妻子「保持原味」，甚至不讓她洗澡。

維多利亞時期

這時期，人們對香水的喜好中規中矩。溫和的「單一」香調香水——天芥菜、紫丁香、玫瑰與紫羅蘭都是屬於「良家婦女」的氣味；麝香與動物香調則屬於墮落的女人和妓女。不過香水技術在維多利亞時期有重大突破，歐洲科學家

香水十字軍與文藝復興

據說玫瑰水的配方由十字軍帶回

義大利
威尼斯曾在香水工業中扮演關鍵角色達數世紀之久

匈牙利
為匈牙利女王伊麗莎白創造出第一支酒精基底的香水，其中包含迷迭香與其他香料

法國
法國的格拉斯成為歐洲香氛原料的中心產區

路易十四
熱愛香水的路易十四，要求每天都要有不同的新香水

十一世紀　　　　　　1370　　　十六世紀　　　1661

發現許多萃取、甚至以人工合成的方式創造出許多嶄新誘人的成分，諸如香蘭素（vanillin）、胡椒醛（heliotropin）、人造麝香、合成茉莉與玫瑰。

十九世紀末

第一支混合天然與合成成分的香水問世。保羅・帕奎（Paul Parquet）為Houbigant創造出Fougère Roayle，他非常愛用一種稱為香豆素的合成香料。Guerlain的愛默・嬌蘭（Aimé Guerlain）則在香水產品Jicky（姬琪）中加入大量香蘭素，是深沉魅惑香水的先驅。

二十世紀初

法蘭索瓦・科蒂推動了香水普及。他生於科西嘉島，是調香師更是高明的商人，不僅和Lalique（萊儷）、Baccarat（巴卡拉）等知名玻璃製造商合作精美的香水瓶，也針對較不富有的顧客推出素樸的小瓶裝香水。科蒂也是第一位允許女人在購買前試用香水的男人。

法國時尚設計師保羅・普瓦列（Paul Poiret）創造第一支「設計師香水」。他設計的服裝性感、富流動性，而他為女性設計的香水擁有同樣特質。混合合成與天然原料的Nuit de Chine與L'Étrange Fleur等香水產品，皆充滿東方的魅惑與異國情調。

1921年

一個「錯誤」創造出史上最著名的香水。據說調香師厄尼斯・波（Ernest Beaux）──或是他的實驗室助手，在調香時一不小心手滑，將醛倒入香水樣品配方中所需分量的十倍之多，該樣品本為香奈兒女士親自準備的香水樣品之一。然而，香奈兒女士在波為她準備的香水中，選出了這支編號為5的樣品。這款花香明燦的香水，後來成為有史以來最著名的Chanel No.5。

設計師香水在市場中的優勢不斷成長。Guerlain是香水產業中少數與時尚沒有關聯的品牌，但完全無損其受歡迎的程度，除了Mitsouko、Shalimar、Vol de Nuit與Jicky等出色又歷久彌新的經典長賣型香水，更不用說無數的當代暢銷作。不過許多知名的暢銷香水卻是由服裝設計師推出，女人們不僅披上他們設計的華服，脈搏處也沾染上他們創造的奢華香氛，設計師的香水名氣不下其服裝作品。尚・巴杜（Jean

瑪麗皇后
瑪麗皇后最為奢侈，擁有私人調香師

在大革命之後拿破崙和喬瑟芬仍是闊綽的大戶

維多利亞時期的人們對香水的喜好中規中矩

Houbigant 與 Guerlain
最早的混合天然與合成成分的香水問世

Fougère Royale
PARFUM
EAU DE COLOGNE
LOTION
POUDRE
BRILLANTINE
SAVON
SAVON POUR LA BARBE
AFTER SHAVING LOTION
TALC
HOUBIGANT
PARIS

1774　　1789　　維多利亞時期　　十九世紀末

Patou）、艾莎・夏帕瑞麗（Elsa Schiaparelli）、珍・浪凡（Jeanne Lanvin）與卡紛女士（Marie-Louise Carven）都因令人驚豔的香水聞名。不過Carven是第一個為香水舉辦發行活動的品牌，卡紛女士在巴黎空中投下許多白綠相間的迷你降落傘，掛著首發香水的樣品，一度造成交通大癱瘓。

1947年

克里斯汀・迪奧（Christian Dior）推出Miss Dior香水。一如他的「New Look」（新風貌）改變了女人渴望的穿著方式，Dior的香水在香氛世界中擁有巨大的影響力，Diorissimo（迪奧茉莉）、Diorella（迪奧瑞拉）和Diorama（迪奧拉瑪）出現在全世界女人的梳妝台上。那段日子確實是法國香水的風光歲月。

然而美國人急起直追。來自紐約的雅詩・蘭黛是一位精力充沛的美容師與女企業家，她鼓勵女人每天使用香水，而不是保留給特殊場合。滋潤濃郁的Oriental Youth Dew（東方青春之露）推出時的市場定位是沐浴油，因為她知道如此一來女性購買時就不會有罪惡感（在此之前，香水應該是來自愛人的餽贈）。

1960年代

隨著貨架上「負擔得起」的品牌日漸增加，香水也成為日常的享受。Yardley、Lenthéric、Bourjois及Goya之類的品牌或許沒有服裝品牌的盛名加持，但即使每天開心地噴灑也不用擔心破產。這時，之前從未踏出國土一步的人們現在也開始旅行，逛起外國香水店與免稅商店。

1970年代

香水開始透過行銷表達女性新獲得的解放。女人為了表達自我而使用香水，於是我們有了Revlon的同名香水Charlie，廣告中的女人穿褲裝邁開腳步向前走，還有將這股風氣推至最高潮的Saint Laurent（聖羅蘭）的Opium（鴉片）形象廣告，每一本你想要翻開的時尚雜誌中，都可見到充滿魅惑力的潔麗・哈爾（Jerry Hall）仰躺在跨頁上，彷彿

二十世紀：哈囉，設計師香水

保羅・普瓦列
創造第一支「設計師」香水

法蘭索瓦・科蒂
和Lalique、Baccarat等知名製造商合作精美的香水瓶

香奈兒女士
推出史上最有名的香水Chanel No. 5

Dior推出 Miss Dior

免稅商店
旅遊人數的增加意味香水較「平價」了

N°5 CHANEL PARIS EAU DE PARFUM

BOURJOIS

二十世紀初期　　1921　　1947　　六〇年代

陶醉在毒品的迷亂快感中。

1980年代

「強力香水」（power perfume）的年代。甚至出現了「room rocker」一詞，來形容令整個空間充滿強烈氣味的香水。由於擔憂其氣味會凌駕於料理的香氣與滋味之上，令用餐客人倒胃口，後來在美國某些地方禁用Giorgio Beverly Hills之類的香水。當時具代表性的香水包括Dior的Poison（毒藥）、Calvin Klein的Obsession、Guerlain的Samsara（聖莎拉）、Chanel的Coco及Givenchy（紀梵希）的Ysatis（以上香水時至今日仍可買到），而想要有強烈存在感的女性使這些香水登上暢銷寶座。

1994年

香水與裙襬的流行遙相呼應，總是從一個極端擺盪到另一個極端。於是低調成為九〇年代的主流。潔淨透明的香氣，像是三宅一生首次推出的L'Eau d'Issey（一生之水），外表與氣味皆似水，帶有清新的海洋與木質香調。1994年，Calvin Klein接著推出ck one，宣告男女通用香水傳統的回歸——回到香水曾經沒有性別之分的年代，使用香水單純是出於對其香氣的喜愛（或許對廣告的喜愛也是原因之一）。

2000年

小眾調香師開始崛起，繼合成香料技術革新，為十九世紀晚期的調香師開啟擁有無限可能性的世界。這幾年是邁入新世紀以來，香水歷史上最令人興奮的階段。斐德烈·瑪爾在這年推出自己的品牌Éditions de Parfums，將調香師的大名放上簡潔的瓶身。突然之間，一群香水愛好者意識到，香水就如繪畫、音樂與攝影，也是一門為愉悅感官而創造的藝術。獨立調香師展現的無窮創造力震盪了主流香水，激盪出一系列全新的獨家香水、大膽的限量版本，以往身分神祕的調香師，終於獲得公開的肯定與承認。

我等不及想見到（聞到）香水歷史中的下一個世代，以及隨之而來的一切新事物，也許不久後就會有某種技術被發明，讓在香水愛好者可以在刷卡之前透過iPhone試香。

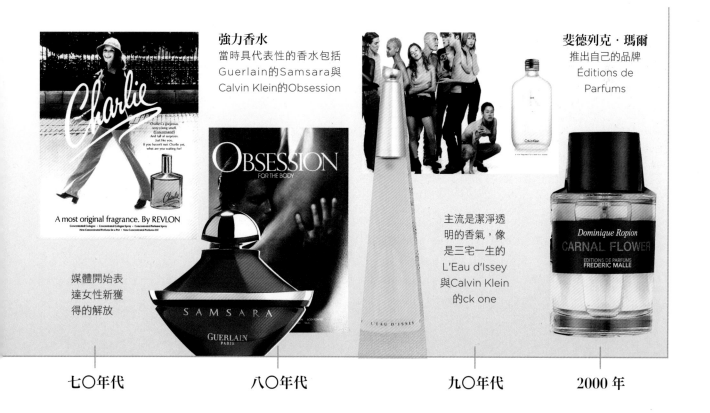

強力香水
當時具代表性的香水包括Guerlain的Samsara與Calvin Klein的Obsession

斐德列克·瑪爾
推出自己的品牌Éditions de Parfums

媒體開始表達女性新獲得的解放

主流是潔淨透明的香氣，像是三宅一生的L'Eau d'Issey與Calvin Klein的ck one

七〇年代　　八〇年代　　九〇年代　　2000 年

a world of ingredients
香水原料的世界

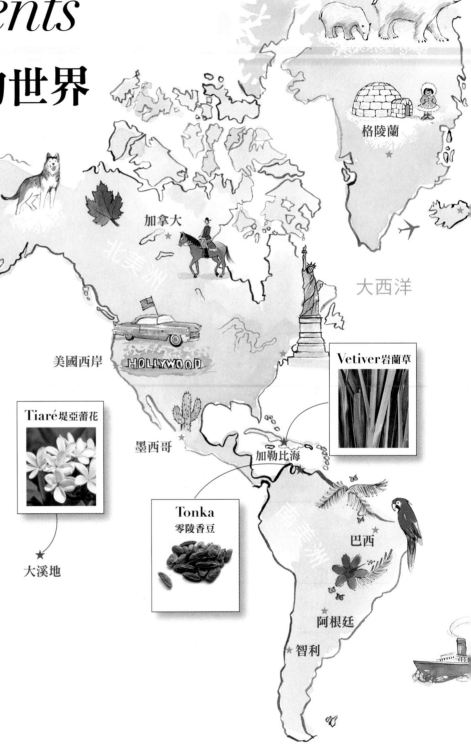

所有 的香水都是裝在瓶中的世界。植物學家與調香師踏遍天涯海角找尋香料，以撩撥挑逗我們的嗅覺。即使合成香料在香水產業中崛起，許多來自植物的香調仍因其飽滿的氣味而較受歡迎，這也是調香師認為合成香料無法與其競爭之處。

　　對許多香水領導品牌來說，永續性是優先考量，沒有穩定無虞的貨源，他們的獨門香水就不保了。不僅如此，大型香水供應商樂於表現出他們非常支持仰賴這些珍貴作物為生的聚落。隨著全球企業被要求要「回饋」，而非只知道賺錢，他們開始推行一些有趣的在地計畫，希望在資源的道德與永續方面能有所幫助。

格陵蘭

加拿大

北美洲

大西洋

美國西岸

HOLLYWOOD

Tiaré堤亞蕾花

墨西哥

加勒比海

Vetiver岩蘭草

大溪地

Tonka
零陵香豆

巴西

南美洲

阿根廷

智利

Lavender 薰衣草

Petitgrain 苦橙葉

Rose 玫瑰

Bergamote 香柑

Neroli 苦橙花

Ylang ylang 依蘭依蘭

Jasmine 茉莉

Vanilla 香莢蘭

Sandalwood 檀香

北極

北極海

西伯利亞

亞洲

太平洋

大英帝國

德國

波蘭

東歐

法國

義大利

西班牙

土耳其

希臘

以色列

中國

日本

摩洛哥

埃及

香港

越南

印度

泰國

非洲

模里西斯

印尼

澳洲

澳大拉西亞

紐西蘭

香柑（Bergamote）

香柑在許多香水中扮演充滿活力的重要前味，也是古龍水與柑苔調香水不可或缺的成分。最頂級的香柑來自南義大利的卡拉布里亞（Calabria），占全世界產量的90%。香柑果實（Citrus bergamia）的香氣充滿活力、明燦光彩，一點也不酸澀，反而清新明亮，是用途最廣的香料之一，能為最濃郁豐美的香調錦上添花。

茉莉（Jasmine）

大花茉莉（Jasminum grandiflorum）可製成帶有異國情調的甜美茉莉油，摩洛哥、印度、義大利和中國皆出產，但埃及的產量最豐。Chanel除了擁有玫瑰農場，在法國也有自己的茉莉農場，與位在格拉斯外、谷地中的玫瑰農場毗連。茉莉花朵極為嬌弱，萃取精油的過程必須迅速俐落。茉莉是價格最高昂的香料之一。

薰衣草（Lavender）

絕大多數的人即使閉上眼，都能輕易辨認出薰衣草的美妙香氣。法國至今仍是薰衣草的中心產地，據說普羅旺斯每年出產六千公斤的薰衣草。然而植株對細菌的抵抗力仍嫌不佳，在許多提倡永續的計畫中，香水公司Givaudan長期投資支持生產健康的薰衣草植株，為香水產業保護這個氣味清爽的香料。

風土就是一切

「風土」（terroir）一詞經常用在談論葡萄酒與有機食品上。但也會對香水原料產生影響，風土指的就是作物生長的地點、氣候以至於土壤等等。神奇的是，調香師可光憑嗅覺就知道某些原料來自何方，也因此他們講究所有原料的來源。最知名的香水公司往往從農場到香水瓶，一路監控製程。

法國至今仍是薰衣草的中心產地，每年出產六千公斤的薰衣草。

苦橙花（Neroli）

苦橙樹（Citrus aurantinum var. amara）帶來纖細輕快、綠色的柑橘香調，透著幽微的蜂蜜與柳橙底。雖然法國、義大利甚至北美都出產苦橙，但一般公認現今品質最佳的苦橙花精油來自突尼西亞。苦橙花是許多香水的關鍵原料，其白色花朵的萃取過程必須迅速，才能留住魔法般的香氣，因此蒸餾萃取中心往往就座落農場旁，以確保能盡快進入製程。

苦橙葉（Petitgrain）

苦橙葉和苦橙花一樣，皆來自苦橙樹，在採收苦橙花的幾週後，取葉片與細枝，經蒸餾後創造出木質調、清新鮮綠，甚至微苦的香調，與男香和古龍水是天作之合。主要產地是地中海沿岸，包括科西嘉島。

玫瑰（Rose）

玫瑰在許多不同的氣候帶都能生長，但對調香師而言，最頂級的玫瑰來自南法的格拉斯與保加利亞，Guerlain的調香師告訴我們，保加利亞每年參與收成的人數超過二十萬。Chanel是唯一在格拉斯擁有私人玫瑰農場的香水品牌，一畝畝陽光烘烤下的普羅旺斯鄉間，一年只有珍貴的幾個禮拜才燃燒著粉紅的玫瑰野火。

檀香（Sandalwood）

曾經，絕大多數的檀香木來自印度。但過度砍伐導致印度檀木一度

瀕臨絕種，如今少數保留下來的老樹，大部分都生長在私人土地上，還有許多年輕樹木則遭受病害。不過在檀香木高雅溫和且性感的木質香調歷史中，還是有幸福快樂的「續篇」——原生印度檀木（Santalum album）在澳洲種植成功，經過25年的管制，這些樹木現在開始生產高品質精油。然而價格極高昂，只有最頂級的香水公司才使用真正的檀香精油。

堤亞蕾（Tiaré）

又稱大溪地梔子花，香氣迷眩醉人幾乎令人難以自拔，是白花香調與東方調原料之一。這種花是大溪地島的象徵，在特殊儀式與節慶會以花環形式穿戴，或將花朵插在耳後。不過對我們來說，在耳後擦一兩滴香水取代鮮花或許比較可行。

零陵香豆（Tonka）

這個外表暗沉、皺巴巴的香料事實上是豆類家族的成員，出現在許多美食調與東方香調的香水中，香氣溫暖圓潤，令人想起焦糖、杏仁與菸草。Givaudan香水公司在委內瑞拉考拉盆地透過訓練零陵香豆農夫乾燥、加工與貯存（以及其他事務）來支持他們，交換條件是承諾保留八萬八千英畝的森林與自然資源，以及原生動植物。

香莢蘭（Vanilla）

香莢蘭能帶給香水性感氣味，甜

堤亞蕾是大溪地島的象徵，在特殊儀式與節慶會以花環形式穿戴，並將花朵插在耳後。

如果你有興趣探究更多關於香料的故事，可以讀讀《The Scent Trail》。這本書頗為迷人，作者賽麗亞‧利朵頓（Celia Lyttelton）以第一人稱敘述她如何踏上旅程，追尋最喜愛的香水原料的來源、歷史及文化。如果你想要進一步了解香料，認識其來源，以及它們如何以浪漫的方式進入瓶中，最後到我們的皮膚上。

美性感的香調萃取自乾燥的豆莢。攀爬的植株外觀似蘭花，盛產於馬達加斯加與留尼旺島。Firmenich香水公司的永續團隊，也協助輔導當地農夫在種植香莢蘭的同時，保護森林的生態系統。

岩蘭草（Vetiver）

岩蘭草帶有泥土氣息，是紮根極深的草本植物。絕大多數生長在留尼旺（許多香莢蘭也來自此地）與海地。2010年海地遭受大地震摧殘後，Firmenich香水公司便參與永續發展計畫，不僅協助改善農耕方式與訓練，也提供更多就業機會、教育、飲水、醫療衛生與食物。岩蘭草大部分用於男性香水中，也做為女性香水中的後味香調之一。同時，Guerlain在印度的坦米爾納德（Tamil Nadu）也有自己的永續岩蘭草計畫。

依蘭依蘭（Ylang ylang）

另一種高雅美妙的異國香料，學名為「Cananga odorata」。卷鬚狀的花朵高高開在樹上，氣味極濃烈、令人陶醉在其性感魅力中，然而也嚴重受到森林砍伐與土壤侵蝕的威脅。國際香精香料公司（International Flavors and Fragrances，簡稱IFF）正努力在科摩羅群島（Comoros Islands）執行森林復育計畫，不僅為了香精永續，也為了保護周遭的自然環境，並為採收花朵的農夫提供乾淨的飲水與健康計畫，以改善他們的生活條件。

what the noses know

調香師告訴你的事

「調香師需要的不只是一個嗅覺還可以的鼻子。他的鼻子必須經過訓練，公正不阿、努力不懈地嗅聞幾十年，即使最複雜的氣味，也能破解成分與比例，並創造出前所未『聞』的全新香氣。」徐四金（Patrick Süskind）在他精彩絕倫、令人忍不住一頁接著一頁讀下去的的小說《香水》（*Das Parfum*）中如此寫道。這本書裡的故事，至今仍是我讀過對調香師最貼切完美的描述。

只要和調香師（或是可以稱他們為「鼻子」）聊過，就能清楚了解他們為何選擇了製香這條路。對調香師而言，香水就是他們的生活，他們不僅僅滿足於呼吸香氣，大部分在飲食、思考，甚至在睡夢中也都與香氣有關。儘管科技在許多產業中都有長足進步，然而數世紀以來，香水的製程卻沒有太大改變，仍由才華洋溢的人們手工調製。

不過調香師本人對「鼻子」這個標籤沒什麼好感。Hermès（愛馬仕）的專屬調香師尚克勞德·艾列納（Jean-Claude Ellena）認為，將調香師稱為「鼻子」實在非常奇怪，就像人們不會稱作曲家為「耳朵」一樣。「做為一個器官，」他說：「我的鼻子只是一個接收器，我是靠大腦嗅聞，大腦儲存所有的氣味，而且知道如何結合它們。香水都是在腦中創作的。」

調香師能夠記憶並回想起高達三千五百種氣味，他們將沾了氣味的試香紙放在鼻下數個小時，甚至數日，直到香氣（及其未來的可能性）深深烙印在腦海裡為止。當大多數的人被問及試香卡上的未知氣味時，有如在黑暗中蹣跚前進，相形之下調香師的確天賦異稟。

時至今日，調香師令人讚嘆的創造力，終於被廣泛認為是一項獨立的藝術。2012年，《紐約時報》的香水評論家錢德勒‧布爾（Chandler Burr）在紐約藝術設計美術館（Musuem of Arts and Design）召集一場展覽「The Art of Scent」，令香水產業與音樂藝術平起平坐──這才是調香師該有的地位。

在香水產業工作二十多年來，最重要的莫過於與許多世界上最偉大的調香師共事：尚克勞‧艾列納（見左頁）、克里斯汀‧納傑爾（Christine Nagel，現在為Hermès工作）、尚保羅‧嬌蘭（Jean-Paul Guerlain）、賈克‧波傑（Jacques Polge）、克里斯多夫‧雪德列克（Christopher Sheldrake，Chanel的調香師）、瑪蒂德‧蘿虹（Mathilde Laurent，Cartier〔卡地亞〕的調香師）、賈克‧卡瓦列-貝勒楚（Jacques Cavallier-Belletrud，現在為LV工作）、卡琳‧杜布爾（Karine Dubreuil，L'Occitane的調香師）、法蘭西斯‧庫克吉安等無數調香師。

目前香水界聲望最高的調香師是堤耶里‧瓦瑟（Thierry Wasser），是傳奇香水公司Guerlain中，第一位肩負起調香師角色的非家族成員。瓦瑟生於瑞士，初期在尚保羅‧嬌蘭身邊工作，至今仍敬他如父。

他是產業中少數從原產地到完成品完全掌握的調香師，確保品質達到Guerlain的要求。2008年起，在Guerlain工作期間為其經典香水Idylle（甜蜜情人）、La Petite Robe Noire（小黑裙）、Shalimar Parfum Initial（一千零一夜初次）推出多種版本，並且每年推出限量版Aqua Allegoria（花草水語）香水系列等等。

身為調香師，
我驚訝地發現，
每一筆原料採購的
決定都直接影響
許多人的生計，
意識到這點是
非常重要的。

——堤耶利·瓦瑟

我們和他相約巴黎的Guerlain旗艦店見面，在高雅浪漫的餐廳Le 68中，搭配加入小荳蔻（cardamom）、肉桂、薰衣草與香柑的香料茶，與米其林星級主廚紀·馬丁（Guy Martin）設計的特製甜點，在在令人想起Guerlain的香水。

第一次接觸香水是何時？

當時我十三歲，但外表看起來小很多，我覺得自己看起來只有八歲左右。有個朋友的媽媽總是擦Guerlain的Habit Rouge（驕紅）香水，我很想要占為己有，因為我覺得聞起來非常有男人味。那成為我第一款香水。

如何走上調香師這條路？

當時我並不知道自己想要成為調香師，直到遇到一位改變我一生的人。我一直對植物以及自然很有興趣，於是開始在一位名叫艾德蒙·布里（Edmond Burri）的草藥醫生身邊當學徒。他是第一個相信我有能力的人；那年我才十五歲，又被學校開除，這實在意義非凡。一開始每個星期六早上我都在草藥店裡，混合草藥茶、護髮乳及糖漿。四年後，我寫了一封信給在祖國瑞士的Givaudan香水學校校長。然而，我並不知道後來自己竟會如此熱愛香水。

（1987年，堤耶里·瓦瑟在巴黎Givaudan取得「高級香水調香師Fine Fragrance Perfumer」資格，後來前往紐約加入Firmenich。）

成為Guerlain專屬調香師的時候害怕嗎？

我加入Guerlain的時候並不恐懼，即使接手的職位肩負許多期待。在我創造Quand Vient La Pluie（風雨欲來時）與Iris Ganache（巧克力鳶尾）兩款香水時，已經與尚保羅·嬌蘭如老友般熟絡，我們在實驗室共事許多年直到他退休。賈克·嬌蘭（Jacques Guerlain）與尚保羅對香水的堅持令我印象深刻，他們是真正的大師，兩人皆以不同的方式在Guerlain留下個人風格。能夠透過尚保羅的雙眼觀看Guerlain真是非常美妙，如今我每個禮拜三仍和他一起共進午餐，不是為了工作，而是因為他就像是我的父親。

您的工作內容是？

每週我會在實驗室待兩、三天製作香水。此外，每個禮拜二是

我的「商業日」，身為品牌的執行委員（Executive Committee），我利用這天來加深對品牌全貌、歷史與發展的認識。

在實驗室我可以展現創造力，但也必須負責品質控管，所有進入工廠的原料以及所有離開工廠的瓶裝產品都必須要通過團隊的檢驗。共有十一人參與品質控管、尋找原料供應商及採購。星期三我整天都待在工廠。

我現在負責為Guerlain香水尋找原料供應商，以確保品質控管與穩定供給，這和以往扮演的角色很不一樣。原料非常重要，每次收成的作物會因為氣候而有所不同，因此在某種程度上，原料的特性也十分不穩定。然而，這份獨特工作最美好的部分是人，我不僅是採購原料，更是與人建立關係。例如在卡拉布里亞種植香柑的農夫，和我接觸之後，也願意重新開始種植傳統的茉莉。坦米爾納德為Guerlain種植岩蘭草，現在我們在那裡有一項非常重要的計畫。玫瑰收成時我會飛到保加利亞，動員當地二十萬人來參與收成和後製工作，Guerlain則會固定收購8%-10%的收成量。身為調香師，我驚訝地發現，每一筆原料採購的決定都直接影響許多人的生計，意識到這點是非常重要的。

我在突尼西亞也全程參與橙花的收成，從監督工人、檢查秤量花朵，然後監督老紅銅製的蒸餾器萃取芳香成分的過程，那種老式機器做出來的成品，比不鏽鋼蒸餾器好太多了。我可能是業界唯一一會弄髒雙手的調香師吧。

前往布魯塞爾參與國際會議也是我的工作之一，確保調香師在政策變化、並可能影響香水產業的未來時也能置喙。我大概有五分之一的時間都耗費在旅途上，然而人們卻以為我總是披著白袍待在實驗室裡。

您在工作中使用多少種香水原料？

大約七百五十種！為了練習，我有時會在工作之餘，自行重製舊有的Guerlain配方，如此一來，我就可以進入愛默或是賈克的腦子裡，聞到那些不復存在的香水。我手邊的原料因法令限制使用而變得極為稀少，或者因為某些香氛類型不再流行而囤了一大堆。

我實在非常幸運，得以翻閱Guerlain的配方書，書上甚至有賈克在愛默的配方旁寫下的筆記，例如：「1940：由於二戰，麝貓香產地被德國占領無法取得，以○○取代配方中的○○。」

調香師幾乎
能夠品嘗氣味。
氣味會充滿鼻腔，
也能讓你擁有
飲食的感覺。
而且有時候甚至在
夢裡也能聞到
創作中的香水。

——蘇菲亞·葛洛耶絲曼
Lancôme的Trésor（璀璨）與Clinique（倩碧）
的Calyx（花萼）創作者

您手上隨時有多少款進行中的香水？

我每年為貴賓客戶製作六至十款訂製香水，平均每兩個月一款。但每年都要創作一款新的Aqua Allegoria，以及現有香水的新版濃度——例如La Petite Robe Noire的淡香水或香精——以及其他未來將要推出的香水。由於法規與安全方針改變，有時候我必須重製香水的配方，稍微改變成分，確保這些香水的愛好者聞到的香氣一如以往。

可以分享一個例子嗎？

橡木苔所含的特定成分會導致某些人過敏，因此被禁用。然而，橡木苔對Guerlain來說是極重要的香料，特別是Mitsouko，這支香水是品牌最偉大的創作之一。此外還有Jicky、L'Heure Bleue（藍調時光）及Shalimar皆有用到橡木苔。幸好香水原料製造商利用分餾法，去除了過敏原，但去除香料中某個成分的同時，會留下「空洞」，Mitsouko的調性因此變了。後來，我在橡木苔中加入少許芹菜來填補這個空洞，幸福快樂的Mitsouko愛好者告訴我，香水又擁有它該有的香氣了。

從發想到完成，創作一款香水需要多少時間？

大約兩年。光是尋找靈感的過程可能就要一年，然後琢磨、修改，直到所有的人特別是我自己，都滿意為止。然後還需要一年的時間測試香水的穩定度與協調性（以確保和香水瓶彼此搭配）；或者將香水放進烤箱、放在陽光下曝曬，檢查是否會變色等等。

調香師是否必須在某種心情或精神狀態下創作？

或許有些調香師跟柴可夫斯基一樣，能在憂鬱的狀態下作曲，但我不是這種人。我需要平靜、愉快的心情。有時候我需要喝一杯，然後抽根雪茄。

身為調香師，您的鼻子有關機的時候嗎？

當然有。工作的時候我會全然專注在聞到的氣味上，但下班之後我就不多費心了。穿越香榭麗舍大道時，一台大公車噴了我一臉廢氣，我不會去分析裡面到底有什麼，那太累了。

據說調香師的人數比太空人還稀少。成為調香師需要多年的訓練，過程中也必須展現極高的天賦。一開始他們必須經過一連串的「氣味評估測驗」（odour evaluation tests），通過之後，想要成為調香師的學生們可能會進入香料香精公司（Givaudan、Firmenich或IFF）實習（apprentice）或受訓（trainee），或是進入世界上少數的香水學校。若想獲得進入巴黎的香水學校，凡爾賽的國際高等化妝品香精與食品香料學院（ISIPCA）就讀，學生必須已具備化學、生化或藥學學位。

調香師這份工作當然有浪漫的部分，但也必須擁有紮實的數學與化學基礎，才有能力對付數以百計的配方研發、重製（或稱「mods」，配方修改）等挑戰，這是香水從概念發想到上市的旅程中必然會面對的課題。語言能力也很重要，香水是國際性的工作。

此外，調香師不單為大品牌創作「設計師」香水，許多調香師職業生涯大部分的時間裡，都在為洗衣粉、家用清潔產品及美妝品（保養品化妝品）之類的商品調製香氣。

我熱愛詩。
若現實少了詩意的一面，
世界將會變得如何？
即使不讀詩，詩也在日常
生活中扮演重要的角色。
我熱愛香水，香水就是
某種形式的詩。
它不會言語，卻更勝言語。

——賈克·波傑

FROM FIELD TO FLACON:
the making of a perfume

從產地到裝瓶：香水的製作過程

幾乎 從有記載文獻之初，人類就試圖透過香氛，提升或掩蓋身上的天然氣味。最初使用的香氛不僅能使室內空間（更確切地說，埃及墓穴）芳香，也可用來焚香衣物。（在阿拉伯半島至今仍有類似的儀式，衣物在清洗晾乾後，會掛在特製的香爐上方薰香。）

現今絕大多數的香水都是液態的，有如美妙的鍊金術。鍊金術士們將天然的葉片、花朵、青草、樹木、樹脂與樹膠脂和合成香料混合，賦予香水持久度，提升噴灑時香水的「發散度」，或重製無法以天然方式取得的香氣。例如鈴蘭的氣味幾乎無法察覺，然而透過化學程序可以使其重見天日。

就讓我們來認識香水的製作過程吧：

種植

世界各地皆生產香水原料：摩洛哥、保加利亞與格拉斯的玫瑰，澳洲的檀香木，海地的岩蘭草；卡拉布里亞與西西里的香柑等等。所有天然原料都必須在最適當的時候採收，茉莉之類的花朵更是如此——清晨開始採收，早上十一點之前就必須完成。接著趕緊將收成的花朵送到工廠，在香氣逐漸消逝前萃取。保加利亞玫瑰甚至會就地在田裡進行蒸餾。

部分香水公司如Chanel，與種植者簽訂獨家合約以確保擁有穩定的原料供應。他們的茉莉與玫瑰就是直接在產地加工萃取的。

水蒸氣蒸餾（steam distillation）

將香水原料如玫瑰、依蘭依蘭、尤加利葉（eucalyptus）等放入蒸餾器（still／alembic）中，水蒸氣會穿過未加工的原料。具揮發性的香氣成分會蒸發並濃縮，並進入第二個壺（chamber）。具香氣的油會浮在「蒸餾液」（distillate）上，很容易就能分離出來。不過剩下的水中仍留有香氣成分，也就是市面上販賣的「花朵純露」（floral hydrosol）。玫瑰水與橙花水（orange flower water）就是這樣來的，是製作更珍貴、價格更高昂的精油時產生的副產品。

脂吸法（enfleurage）

在玻璃板上塗滿高純度的無味動物或植物蠟，接著將特定種類的新鮮花朵層疊其中，鋪滿並壓入油脂，經過數天或數週（視植物種類而定），油脂混合物就會吸收花朵的香氣。散盡香氣的花朵取出後，換上新採收的花瓣，重複同樣的過程直到油脂飽含香氣。

這時以酒精清洗這塊芬芳的「脂吸油膏」（enfleurage pomade），分離出萃取物（通常這些剩下來的油脂會被製成香皂）。酒精蒸發後留下的，就是香水中使用的香精油。然而可以想見整個過程所費不貲，已經沒人這麼做了。脂吸法一詞如今仍被使用，不過通常意指溶劑萃取的過程。雖然沒這麼浪漫，但遠比傳統方式可靠得多（且較便宜），而且最終的結果也一樣。

溶劑萃取（solvent extraction）

脆弱的花朵，像是風信子、菩提花（linden blossom）、金合歡、水仙、晚香玉及茉莉，無法承受水蒸氣蒸餾的溫度。因此通常會以乙烷（最普遍）或二甲醚等溶劑萃取精油，此法得出的精油與原料的天

然香氣非常接近。將採收下來的花朵層疊放入有孔洞的巨大金屬滾筒中，不斷用溶劑清洗。溶劑會將植物中能夠萃取的成分全數溶出，包括沒有氣味的蠟、色素，以及具揮發性的珍貴香氣分子。

接著將液體過濾，溶劑能夠回收再利用。萃取過程中會產生與脂吸法類似的蠟狀物，其中含有最多高達55%的揮發油（以茉莉為例），香水產業稱之為「凝香體」。

凝香體可做為固體香精使用，但通常會加溫並拌入酒精（通常使用乙醇）製成原精。加溫攪拌的過程中，蠟質的凝香體會變成許多小水珠狀，確實充分攪拌後低溫冷凍，接著以冷過濾法取得純淨的原精。

原精是價格最高也最珍貴的香水原料，濃度比精油更高。

超臨界流體萃取（supercritical fluid extraction）

光看名稱就覺得超級高科技，但其實此萃取法又稱「二氧化碳萃取法」，這下子明白了吧。此一萃取法使用高壓下的液態二氧化碳做為溶劑，以低溫進行，因此香氣成分也非常接近原料的天然氣味。由這種萃取法取得的香料，稱為「二氧化碳萃取物」。

冷壓／壓榨（cold pressing / expression）

你是否曾將手指戳入柑橘類水果的皮，使果皮噴濺出精油並為此樂不可支？將這個動作放大許多倍，就是冷壓。機器會取下果皮，並榨取出油。柑橘類精油也可用水蒸氣蒸餾法取得，不過有些人堅持冷榨油的氣味要鮮明得多。

香水公司（fragrance house）

只有極少數的香水品牌擁有自家專屬調香師，如Chanel、Dior、LV、L'Occitane、Cartier、Jean Patou及Hermès。其他品牌則通常會找「香水公司」，這些公司雇用調香師，為種類繁多的產品調製香氛，包括居家產品，從洗髮精、清潔用品，甚至洗衣粉皆有。（讓曾經創造出暢銷香水、才華洋溢的調香師，為我們設計衣物柔軟精的香氣，這個想法其實很不錯。下次烘衣的時候可以仔細聞聞衣物，好好欣賞一下。）

許多大品牌公司如Montblanc（萬寶龍）或Bentley（賓利汽車），也是透過香水公司開發自家香水。他們會列出新香水產品的特性、目標消費者、適用季節等等，也常搭配拼貼許多影像的情緒板，然後與香水公司討論提案，盡量讓調香師在腦海中勾勒出香水的樣貌感覺。

這些香水公司可說是香水產業中的無名英雄。絕大多數的一般香水使用者都不認識其大名：國際香精香料公司（IFF）、Givaudan、Firmenich、Takasago和Symrise。還有一家「有機」香水公司Robertet，位在傳統法國香水的重鎮格拉斯，專營天然香料，是偏好天然路線的品牌的最愛。

香水公司中還有另一個重要角色：評香師（evaluator）。他們的名

讓曾經創造出暢銷香水、才華洋溢的調香師，為我們設計衣物柔軟精的香氣，這個想法其實很不錯。

字大多不為人知，不過他們的鼻子跟調香師一樣敏銳。當簡報，或是「香水需求」抵達銷售部門時，就輪到評香師上場了。他們會知道哪些調香師適合這份工作，並透過簡報傳達需求，包括完成品的最高預算、使用原料限制、最重要的是最終的客戶群以及完成期限。

調香師以淵博的原料知識寫下一系列香水配方，送到實驗室，進行調製混合並加入酒精，接著送回給評香師。評香師會不斷嗅聞，為客戶找出最適合的版本。較年輕的族群會買帳嗎？是否如要求般的性感？梔子花的氣味是否如客戶所希望的強烈？然後開始一連串溝通往返；有時調香師會修改幾十次，直到評香師決定香水是否符合客戶要求，而同時，評香師很可能也在多家香水公司的香水提案（submission）之間評比。即使贏得合作機會，在新產品被認為「夠了，完美！」之前，可能還有更多修改呢。

在美國香水公司當評香師的蘿蘭‧莎利貝芮（Lauren Salisbury）曾為知名香水部落格Bois de Jasmin撰文，文中提到：「評香師肩負重責大任，香水案子的成敗皆掌握其手中。伴隨這份責任的喜悅與壓力盡在不言中。評香師必須和調香師一樣有個靈敏的鼻子、熱愛香水，還要忠於自我，一如調香師。她必須膽大有勇氣，敢於構想並分享自己的點子，但也必須虛心傾聽他人的意見。」評香師的職業生涯，蘿蘭如此解釋：「令人興奮但也極累

> 雖然你把心力與精神都投注在自認對客戶來說最棒的香水上，但競件是沒有亞軍的。

——法蘭西斯‧庫克吉安

人。這個職業最棒的部分就是能夠評估嗅聞市面上所有的產品；與其他評香師分享、一同腦力激盪；為調香師提供點子。當調香師認同我的想法，並願意發展這個點子，雙眼因創造力而興奮閃爍時，當然還有贏得案子時，一切都值得了。」而工作中最糟糕的部分，想當然就是：「必須傳達壞消息，告訴調香師點子失敗了，或聞起來不對勁，或是沒有得到案子。」

調香師必須經得起失敗。他們常常在選美般的競件中敗給其他香水公司的調香師。法蘭西斯‧庫克吉安說：「雖然你把心力與精神都投注在自認對客戶來說最棒的香水上，但競件是沒有亞軍的。若沒贏得案子，就是出局。有時候很令人心碎。」這些香水公司每年以美金或歐元設下必須達成的銷售目標，若他們的調香師贏得大客戶、達到業績，就可能有餘力為不同客戶創作較小眾、更大膽前衛的香水。

香水公司往往都有自家工廠與設備，與品牌簽訂生意後，就會開始將精準調製的香料以酒精／水稀釋至正確的濃度。（更多關於香水的濃度請見20頁。）

然而，只有極少數的大型香水公司能夠從產地到裝瓶，一條龍掌控管理，卻有許多小眾獨立調香師有能力全程製作自己的香水，並以手工方式裝瓶、貼標籤。不過，並不是因為這樣比較浪漫，而是因為國際品牌的生產規模，完全不是剛起步的小品牌能相提並論的。

As a perfume doth remain
In the folds where it hath lain
So the thought of you, remaining
Deeply folded in my brain,
Will not leave me: all things leave me;
You remain…

一如餘香長眠在曾經的纏綿；
對你的思念在我心中
盤根錯節再也不讓我孤身一人：
孑然一身除了你永存……

——亞瑟・西蒙（Arthur Symons）

natural ♥ synthetic

天然與合成

曼蒂‧愛芙特（Mandy Aftel）的香水書籍是我的最愛之一，在她精彩的作品如《Essence & Alchemy》和《Scents & Sensibilities》中，字裡行間透出奇異的香氣。愛芙特是自學的調香師，非常擅長製作有魔法般的迷人香水，並選擇以天然香料做為專業領域，其品牌Aftelier的香水曾多次獲得香水基金會獎項（Fragrance Foundation Awards）。另外愛芙特在2002年創辦天然調香師工會，旨在喚醒大眾對植物性香水的進步意識。

在現代的香水市場中，「天然」（genuine）一詞對人們確實有某種影響力。也許是因為如今人們普遍「活在自己的世界裡」，遠離大自然，甚至整天盯著各種螢幕，感官也逐漸遲鈍。

　　天然香水擁有某種「感受四季變化」的氛圍，好像只要深吸一口氣，人類就能再度與大地四季連結。也許正因如此，所有一流香水公司都很喜歡大肆宣揚自家香水中的天

然成分，諸如玫瑰、茉莉、香柑、苦橙花、乳香、廣藿香等。但事實上，沒有任何一款主流香水的成分是純天然的，絕大多數混合了不同比例的天然與合成香料。

使用合成香料不盡然是因為成本較低，也因為無論純植物香精的天然狀態有多麼美妙迷人，對調香師來說卻意味著許多挑戰。以下是我與愛芙特在位於加州柏克萊工作室中的對談。

天然香水的定義為何？

這是一門藝術，僅以天然香精創作出迷人奢華的香水。這些植物香精來自花朵、水果、葉片、根部及樹皮。天然香精與合成香精不同，其中含有的微量成分會改變其個性，因此摩洛哥玫瑰聞起來和保加利亞玫瑰、埃及玫瑰不一樣。

為何選擇只做天然香水？

二十年前我愛上了天然香料，因此開始這份工作，就這麼簡單。我經常真的跟隨自己的鼻子，靠直覺前往任何有趣的地方。在從事心理治療工作多年後，為了替一本關於調香師的小說取材，我開始嗅聞一些調香師工作上會使用的原料，其複雜度簡直不可思議，讓人難以自拔。

你喜愛天然香水的哪一點？

嗅聞天然香水時，我們會與大自然產生連結，一如在森林中散步、烹煮一道美味的料理，或是在自家花園採收植物與花朵。若人在聞到某種香氣時，能夠想起這些香氣在日常生活中所扮演的豐富角色，是多麼感動的事啊！

做為天然調香師，你面臨哪些挑戰？

做香水，不是把一堆原料丟在一塊兒就了事，即使用合成香料也不是這樣。但天然香料和合成香料最大的不同，是兩者在皮膚上的作用，這點很重要。

天然香水的存在感很微弱，只能在皮膚上停留約兩個小時。反之，合成香料能讓香水從早到晚地持久，並且在房間的另一頭就能聞到香氣。號稱純天然，但卻能維持一整天，並且三公尺外就能聞到香氣的香水，成分一定不是純植物性的。

純天然成分沒有持久力，氣味散發的範圍也不廣，比較屬於私密的感受。當然，天然香水也會依附在肌膚上，但大部分我創作的香水還是要不斷補擦。為此我特意製作「珠寶香水」（jewellery）版本，可以帶在身上不斷補擦，畢竟這也是使用香水的樂趣之一不是嗎？

男性和女性是否喜愛不同的天然香水？

有趣的是，根據我的經驗，大部分的男性喜愛花香。我曾在蘋果電腦的加州總部上課，所有的男性都喜歡花香調香水。反之，許多女性則喜愛帶大地氣味的深沉香調，如廣藿香和岩蘭草。別忘了香水是到近代才開始男女有別，而我認為，人人都應該不分性別地自在使用喜愛的香氛才對。

你有特別鍾情的原料嗎？

由於我不斷發掘新原料，所以最喜歡的香料永遠在改變。最近喜歡的是堤亞蕾花，來自大溪地充滿異國風情的迷人精油。我最近也偶然嘗試了一些尤加利純精，它們香氣清冽帶樟腦氣息，我挑戰地將之加入我的作品，同時想盡辦法不能讓香水的藥味變得太濃烈。我也愛極了龍涎香的神話色彩，據說它是被沖刷到海岸上的鯨魚消化系統廢物──還有什麼比它更稀有珍貴的呢？我非常喜愛我的原料，我花去大把時間與金錢找尋原料，然後把它們變成手工香水。

購買天然香水時要注意什麼？

不要只聞瓶中的香水或試香紙，一定要在皮膚上試用天然香水。它們與人體會起獨特的化學反應，在肌膚上綻放香氣，在每個人身上聞起來都不一樣，這也是天然香水的魔法與魅力。最好的方法就是在乾淨無香氣的手背上試用。待酒精揮發，以免影響嗅覺。聞香時閉上雙眼，專注在初散發的香氣上。注意香水的複雜度、質地及形態（shape）。注意香氣如何變化，十分鐘後再聞一次，半小時後重複此步驟。這個作法對察覺香水在肌膚上的變化進程很有幫助。

www.aftelier.com

plant a perfume

拈香惹草

若只是將玫瑰與茉莉種植在一起，顯然不可能重現Chanel No. 5的香氣（但願能夠如此）。不過呢，除了鬱金香，與其選擇沒有香氣的植物，何不種植氣味迷人的植栽，不僅可以美化空間，還能讓空氣都變得芳香呢！

Daphne odora 瑞香

這種植物有著辛烈、近乎焚香的氣息，非常美妙，然而很少人在香水產品中察覺它的氣味。雖然生長速度比較慢，但其粉紅花叢的香氣會充滿整座庭院。另一個品種「金邊瑞香」（Daphne odora 'Aureomarginata'），葉片邊緣呈淡黃色，也非常美麗；而「藏東瑞香」（Daphne bholua'Jacqueline Postill'），是另一個我很喜愛的品種，香氣更加優雅馥郁。

髮型 設計師山姆·麥奈（Sam McKnight）為我們推薦他最喜愛的庭院香氛植物。除了身為知名的攝影師與秀場髮型師（他的Chanel秀簡直就是傳奇），山姆也是深愛香氣的園藝愛好者。

也許你家不適合種植以下植物，不過，這些植物的確是非常理想的花園香氛植物，值得認識、參考。

Gardenia
梔子花

這是香奈兒女士最喜愛的香花植物之一，閃亮的深綠葉片襯著乳白雅緻的花朵，感覺非常「Chanel」。適合加州與熱帶地區，可生長至八公尺高！在較寒冷的氣候帶則是理想的室內盆栽，夏季可放在室外。梔子花喜歡酸性土壤，須確認是否使用正確的堆肥，並適度補充水分。雖然梔子花一次只開幾朵，但已足夠使整個房間充滿花香了。

Lathyrus odoratus
麝香豌豆

花園沒有麝香豌豆怎麼行？我無法想像沒有它們的夏天，但不是每種麝香豌豆都一樣，有些品種的香氣絕對要擁有，像是「Painted Lady」、「Black Night」、「Lord Nelson」及「Matucana」，這些品種的香氣最特殊迷人。隨著花季展開，麝香豌豆的莖會變得稍矮，切花時盡量挑花莖長的，插在花瓶裡比較漂亮。我的種植經驗是，若水分保持充足，麝香豌豆的花莖會比較長，剪下放瓶中，就是最完美優雅的香氛切花了。

Narcissus 'Avalanche'
水仙

水仙總是春天最令人歡欣的風景。當我忙著準備秋冬服裝秀時，心裡總念著不知花園裡的第一朵水仙開了沒。工作結束後，回到家能看到春暖花開，是很幸福的事。許多品種的水仙沒有香氣，但這種黃色花心的白水仙香氣非常濃郁複雜，如果你捨得剪下花朵插在家中，整個房間都會是花香。

Pelargonium 'Attar of Roses'
玫瑰天竺葵

玫瑰天竺葵是一種帶有香氣的天竺葵。與花朵絢麗錦簇的花壇天竺葵不同，玫瑰天竺葵的花朵較嬌小，但葉片芬芳。對許多人來說，手指搓揉天竺葵長滿絨毛的葉片所產生的香氣，會帶給他們童年的回憶。玫瑰天竺葵植株的香氣美妙帶有檸檬香，聞起來和天竺葵精油製品一模一樣。

Polyanthus tuberosa
晚香玉

晚香玉是經典的香氛原料，Robert Piguet的香水產品Fracas的主要香調就是晚香玉，該香水的靈感來自瑪丹娜的母親。晚香玉的香氣複雜襲人，本身聞起來就像香水，有些人聞了覺得頭痛，但許多人（包括我自己）則愛極了。晚香玉的根部很怕浸水，在較溫暖的地區，可將之種在排水良好的室外。在溫室中，球莖也能順利成長，暖天時香氣將從敞開的窗戶湧出。

Rosa 'Double Delight'
雙喜玫瑰

賞心悅目的外表與甜美花香，使其獲得「雙喜」的美名。乳白的花瓣染上粉紅的邊緣，隨著植株成熟，顏色會愈來愈深。伊芙琳·蘭黛（Evelyn Lauder）參與多款Estée Lauder香水的創作，我聽說她在曼哈頓的公寓屋頂上種滿雙喜玫瑰，並將之做為香水Intuition（我心深處）的主要香調。香氛玫瑰種類繁多，但雙喜玫瑰絕對是不可錯過的珍品。

Sarcococca hookeriana var. humilis
羽脈野扇花

這種香氛植物性好陰影，容易生長，是盆栽新手的最佳選擇。植株個頭不大，生長較慢，但優點是常綠。細小的花朵會在較冷的月分綻放，濃烈的熱帶花香幾乎勝過所有的冬季花朵。在花園裡種上幾株羽脈野扇花，即使在天空最陰暗的日子，也會想要走出屋外，深吸幾口清新甜美的空氣。

Stephanotis floribunda
多花黑鰻藤

又稱馬達加斯加茉莉、蠟茉莉或夏威夷婚禮花。在較冷的氣候帶通常做為室內盆栽，但在夏季月分非常適合放在露台的庭院餐桌上。需要溫暖的氣候和充足日照才能開花。如上了一層蠟的花朵香氣迷人，映著深綠色枝葉，由於多花黑鰻藤是攀爬植物，常將之繞在圓形鐵絲周圍以盆花形式販售。我聞過一些以多花黑鰻藤作為基調的香水，但真正的花香還是最為馥郁醉人。

Trachelospermum jasminoides
萬字茉莉

我很喜愛茉莉的香氣，但在炎熱氣候帶以外的地區並不容易種植。因此我推薦萬字茉莉做為替代方案。這是一種常綠、葉片閃亮、攀爬的「星茉莉」，喜歡全日照或稍有陰影，以及充足的水分。請避免放在風口。這種植物照料簡易，氣味有如天香，幾乎和茉莉一樣！

> **"**
> 我推薦
> 萬字茉莉
> 做為一般茉莉
> 的替代方案。
>
> ——*山姆·麥奈*
>
> **"**

collecting
perfume art

蒐集香水藝術

多年來才華洋溢的藝術家、插畫家
與攝影師，為香水創作了許多經典
的廣告。多虧網路，如今要搜尋回
味這些作品，再容易不過了。

從達 利到荷內·古魯奧（René Gruau），香水
品牌經常與許多頂尖藝術家合作。古魯
奧為Dior繪製的插畫美妙絕倫——除了香水產品Miss
Dior、Diorissimo、Diorella，還有Rouger Baiser（烈焰
之吻）口紅。古魯奧也為其他香水品牌繪製插畫賺外
快，包括Balmain。書中收錄他為Balmain、Lanvin與
Schiaparelli繪製的廣告。接著，七〇年代Estée Lauder拍
攝的「美好生活」風格廣告也是一絕，走過那年代的我
們都有忍不住把雜誌廣告頁撕下來的經驗，還有Chanel
的傳奇代言人們——從凱薩琳·丹妮芙（Catherine
Deneuve）、卡洛·波桂（Carole Bouquet）到伊內
絲·法桑琪（Inès de la Fressange），近期還有妮可·
基嫚（Nicole Kidman）與凡妮莎·帕哈迪（Vanessa
Paradis）。安迪·沃荷（Andy Warhol）也曾畫過經典
的No. 5香水瓶身，Chanel後來以這幅畫製作限量香水包
裝盒，如今在收藏市場上炙手可熱。

...please him with SNUFF...for men with ideas!
Cologne, 5.00 and 9.00. After Shave Lotion, 2.50. Handsome gift sets, 4.50 and 7.50. (prices plus tax.)

N°5
CHANEL
THE MOST TREASURED NAME IN PERFUME
CHANEL
© 1997 CHANEL. © 1997 Andy WARHOL Foundation. From a silkscreen by Andy WARHOL.

> **古魯奧為*Dior*繪製的插畫絕對是我們的最愛──*Miss Dior*、*Diorissimo*、*Diorella*……安迪·沃荷也曾畫過經典的*No. 5*香水瓶身。**

Catherine Deneuve for Chanel

COCO, L'ESPRIT DE CHANEL

專門蒐集歷史廣告的網站 www.vintageadbrowser.com，網店架構便以廣告類型以及年代做分野，不妨按照年分慢慢瀏覽，有些廣告美得令人想尖叫。透過香水廣告的影像與標語，可以看出二十世紀的社會變遷。

如果你真的非常喜歡某些平面廣告作品，Etsy 和 eBay 是老式香水廣告海報的挖寶好去處，Etsy 還會介紹許多將香水瓶融入作品中的當代插畫家。上網打「Vintage print」搜尋也許也能找到一些販售經典香水廣告海報的廣告，在二手古董店的老雜誌堆中慢慢挖寶也不失為一個好選擇。如果捨不得撕下雜誌內頁（說真的，我再也捨不得了），當然也可以掃描後列印下來欣賞。

如果還不過癮，試著在網路上輸入關鍵字「perfume bottle fabric」搜尋，會出現不少有意思的條目。想要更多將香水融入居家布置的精彩靈感嗎？到 www.houzz.com，在搜尋欄位鍵入「perfume bottle」即可。我看過一張裱上金框的八〇年代 Hermès 香水瓶絲巾，真是美得不得了。（絲巾可在 eBay 上購得，不過價格不菲。）

插畫家大衛·唐頓（David Downton）的著作《Master of Fashion Illustration》裡，收錄了許多時尚插畫，從艾爾特（Erté）到荷內·布雪（René Bouché）皆有介紹，是一本賞心悅目的精裝書。雖然對香水廣告著墨不多，若有興趣還是值得一看。

perfume, bottled

香水・瓶

到底能不能只是因為喜歡瓶身設計就買下某款香水？
我認為，把香水當成裝飾品也沒有什麼不可以。畢竟從瓶身、
香水液（可能還有液體的顏色），以至廣告，香水品牌所做的一切努力
就是要讓你愛到無可自拔。

對許多品牌來說，瓶身設計絕對是香水產品中非常重要的一環。在香水展售區擁擠的戰場中，貨架上總是擠滿數百款香水，而且還不斷推陳出新，這時，香水瓶的設計就是爭取潛在顧客第一眼目光的主要戰力。再者，香水瓶設計的世界，本身就很精彩迷人。

近年來，許多香水瓶身的設計愈來愈奇特奔放。「香水貨架綿延不盡，但你只有千分之一秒的時間吸引顧客的目光。」一位香水零售人員如此解釋。Marc Jacobs的Dot香水瓶蓋是一隻大蝴蝶。而Daisy（小雛菊）的瓶蓋裝飾當然就是塑膠小雛菊啦，大暢銷後更推出多種濃度版本，並以不同顏色表示。Viktor & Rolf的第二款香水Bonbon（糖果），以超大粉紅玻璃蝴蝶結做為瓶身。珍妮佛・羅培茲（Jennifer Lopez）推出的Glow，噴灑後瓶身會持續發光15秒。各種創意無邊無際。

香水瓶設計的傳奇人物皮耶・迪南（Pierre Dinand），開啟了瓶身設計爭奇鬥豔的時代。Givenchy的Yastis、Saint Laurent的Rive Gauche（左岸）和Opium、Dior的Eau Sauvage（狂野之水），以及Lancôme的Magie Noire（黑色夢幻）都是經得起時間考驗的經典設計，而這些

僅是他五十年職業生涯創作的九牛一毛。他的第一款香水瓶是1960年推出的Madame Rochas（洛查女士），即使這個案子幾乎是偶然得到的，卻從此一飛沖天。

「1958年，我在一家廣告公司擔任藝術總監，接觸了不少奢侈品業的客戶，包括香檳、干邑與時尚產業。其中一家公司Marcel Rochas很喜歡我的設計，於是問我對他們的新款香水瓶有何想法。那款香水以一位美麗的女士Hélène Rochas為名，於是我決定花點時間去認識她。Hélène Rochas家中收藏的古董香水瓶給了我許多靈感，我設計了一款可以量產的古典香水瓶，結果大受好評。接著馬上就有許多其他服裝設計師要我設計香水瓶——皮耶・巴爾曼（Pierre Balmain）、皮爾・卡登（Pierre Cardin）、克里斯汀・迪奧、伊夫・聖羅蘭（Yves Saint Laurent）等等。來自世界各地的案子一個接一個的來，到最後我已經無暇回到原本的工作上。」

對於像迪南這樣的設計師來說，任何事物都能激發靈感，他也不斷挑戰工業生產技術的極限。六〇年代初期，迪南夢想能夠將Paco Rabanne的Calandre（出色）鎖入金屬框。在那個時代幾乎不可能在香水瓶設計中使用金屬，但迪南找到一種使用在汽車工業中的全新素材，鍍上鋅後看起來就像真正的金屬框。

八〇年代Calvin Klein的Obsession瓶身，擁有奇特的質感和飽滿的琥珀色澤。這支香水瓶的靈感，來自於某一次迪南打高爾夫球的時候，球破裂了。「球裡面的填充物非常有趣，看起來很像磨砂玻璃，但其實是一種奇妙的材質。」後來他與卡文・克萊會面。「卡文告訴我他喜歡黑白色系，但我不打算設計另一個Chanel No. 5。我去了他位在紐約、能夠俯瞰中央公園西部的家。其中一個房間有他的古董玳瑁收藏，這就是Obsession的顏色靈感來源。他的天珠收藏則給了我瓶身造型的靈感。」

隨著香水產業蓬勃發展，瓶身設計的過程也改變了。迪南說，「過去我與調香師一起工作，如創作Madame Rochas的紀・侯貝（Guy Robert）、Eau Sauvage的艾德蒙・路尼茲卡（Edmond Roudnitska）、Calandre的米歇爾・伊（Michel Hy）等等。但現在不一樣了，每個案子都會有許多調香師競件，所以我無法在第一時間得知香水最後的模樣。不過我還是會花許多時間與調香師們相

處，試著交換彼此對新產品的觀點。香水與瓶身是密不可分的。」

不過對某些小眾精品調香師而言，焦點還是瓶子的內容物，而非瓶子本身。素樸的瓶子對部分小品牌來說完全不是阻礙。斐德列・瑪爾就是一位打破常規的人，他將調香師們領出實驗室，並將他們的名字高掛在香水瓶正面（見86頁），為香水選擇相對素淨的瓶身，並搭配全黑瓶蓋與標籤。許多小眾品牌也效仿此一作法，但主要是基於實用性與經濟考量。由於品牌才剛起步，他們肯定無力負擔訂製特殊瓶身，因此必須購買現成的瓶子。但這麼做的同時，這些瓶子也釋放出某些訊息：以香水評斷我，而非外表。

不過普遍來說，這個世界對香水瓶設計師有點不公平，香水發行時不太會提及他們的名字。在許多當代香水創作中，瓶身就和香水本身一樣，是成功的關鍵，也是讓人一見鍾情的元素。就像以往在幕後工作的調香師一樣，也許某一天，這些設計師也得以步入聚光燈的焦點，向眾人一鞠躬呢。

另外，我也希望能看到有更多「可補充式香水瓶」，像是Thierry Mugler的Angle與Alien（非凡），能夠在全世界最迷人的「加油站」重新補充裝瓶呢。

collecting vintage
perfume bottles
收藏古董香水瓶

古董香水瓶非常迷人，從手繪的塞式玻璃瓶，到裝飾藝術時期附酚醛樹脂（bakelite）瓶塞的壓模人形香水瓶，樣式設計多彩多姿，是一個不算小眾的收藏類型。不過若想收藏知名製造商的瓶子，像是老式的Chanel、Baccarat及Lalique的水晶小瓶，網路上有許多競爭對手，拍賣會上亦是。2006年，荷內・萊儷（René Lalique）於1936年為Saks Fifth Avenue的香水Trésor de la Mer（海洋寶藏）所設計的貝殼形磨砂玻璃香水瓶，在紐澤西的拍賣會上價格高達216,000美元。（這個瓶子在1939年時僅以50美元購入，而且香水早就一滴不剩。）

有時你在eBay上購入，或偶然在慈善商店碰上一的老香水瓶，或許尚能嗅到一絲殘留的香水氣息。不過對於香水瓶收藏家而言，氣味不是收藏重點，容器本身才是。

洛傑・朵夫身為調香師與收藏家，他解釋：「香氣本身無關緊要。」（即使在密封的瓶子裡，香水還是會隨著年代蒸發氧化。）「Lalique或Baccarat的優質水晶玻璃瓶，其實在二〇年代品牌香水成為兵家必爭之地後，就已成千上百地量產了。」朵夫如此說道，「收藏家找尋的是更有意思的香水瓶，例如銷量慘淡的香水、限量推出的香水，甚至從未發行的更好。」接著朵夫又說：

「稀有度決定價值。若是從未開封且裝在原裝紙盒內，價值更高。」朵夫的收藏相當可觀，甚至曾在哈洛德百貨（Harrods's）幾年前的「Perfume Diaries」展覽中陳列展出。

對大部分的人來說，收藏香水瓶純粹是小趣味，而不是嚴肅的投資。但如果想要踏入這個全新的領域，或許可以看看美國的國際香水瓶協會（International Perfume Bottle Association，www.perfumebottle.org），網站上展示數百個香水瓶，更有許多關於香水瓶收藏的有趣連結。

若想探索香水瓶設計的絕代風華，我們推薦《Glamour Icon：Perfume Bottle Design》，作者馬克・羅森（Marc Rosen）是全球最知名的美國香水瓶設計師之一，曾為Burberry、Elizabeth Arden、Karl Lagerfeld與許多品牌合作，並曾獲得七次香水界的奧斯卡「香水基金會獎」（Fragrance Foundation Award，現在多稱FiFi Award）。《Glamour Icon》一書中收錄許多圖片與作者自身設計的小故事，也有許多他的「老香水瓶靈感」，包括荷內・萊儷為妮娜・瑞奇（Nina Ricci）設計的水晶鴿瓶、路易・蘇（Louis Süe）為尚・巴杜的Joy（喜悅）香水所設計的經典簡潔瓶瓶身，還有海蒂・卡內基（Hattie Carnegie）為首款同名香水創作的「臉孔」香水瓶，令人驚豔。

> **❝收藏家找尋的是更有意思的香水瓶，例如銷量慘淡的香水、限量推出的香水，甚至從未發行的更好。❞**

small(ish) is BEAUTIFUL

小眾香水的崛起

這是過去十年香水界中最令人興奮雀躍的事。許多才華洋溢的獨立調香師突然冒出頭，頻頻向香水愛好者招手，引誘他們步出主流，走向引人入勝、刺激感官的迷人小眾（niche）香水世界。

這些新品牌中有些創辦人是「家學淵源」，有些則是調香師在正職工作以外的兼差。某些品牌成立僅是因為有些人在市面上找不到喜愛的香水，於是委託調香師，將他們的夢想注入瓶中。

這個變化很令人振奮，消費者開始渴望更大膽、與眾不同的獨特香水，而不是連鎖品牌林立的商店街上能找到的。這類香水有幾千種等著被發掘，大部分隱身在較小型的獨立香水店中（有些擁有自己的獨立店面）；不過大型香水店也漸漸察覺到這些讓香水迷狂熱傾倒的小眾香水品牌的出色創造力，並邀請這些小品牌進駐較「傳統」的香水櫃位。

獨立品牌充滿創造力的原因很簡單，因為大量發行的香水必須迎合大眾，通常經過研究與最大化的「目標市場調查」（focus-grouped to the nines），將獨特元素逐一排除。然而，小眾香水則傾聽自己的直覺，也許會請朋友試用香水，當作是他們的市場調查。而且，絕大多數的獨立香水沒有明顯的性別之分，摒棄某些傳統香水的性別刻板印象。

網路在這場革命中也扮演了重要的角色：不久前，超小眾調香師想要成立同名品牌，幾乎是不可能的事。但現在他們可以用實驗性的方式，在自己的網站上試試市場的水溫，有時候甚至親手為訂單裝瓶，也經常親自包裝與跑郵局呢！

本章列出的部分品牌，可能是未來的Guerlain或Cotys，但目前他們仍是少見的香水，也絕對值得一聞。

4160 Tuesdays

莎拉·麥卡妮（Sarah McCartney）是個古靈精怪的調香師，雖然從未受過正統訓練，卻有數學與科學背景，也清楚知道自己的喜好，更將之從嗜好變成事業。身為老香水的忠實收藏者，每一款創作都訴說一個故事，還搭配引人入勝的名字，如The Lion Cupboard（獅子的碗櫥）、Sunshine & Pancakes（陽光與煎餅）、Urura's Tokyo Café（Urura的東京咖啡座）。那4160 Tuesdays（4160星期二）又是什麼呢？「假設人可以活八十年，總共就有4160個星期二。就用這些星期二來書寫、思索、創作與從事美好的事物吧！如果聽起來令人嚮往但又沒有餘力，也可以購買出自他人之手的美好事物。」

Atelier Cologne

品牌共同創辦人希薇兒·貢特（Sylvie Ganter）說：「Atelier Cologne的成立契機來自我們的相遇、我們對古龍水的愛，還有我們的愛情故事。」她與後來成為丈夫的克里斯多夫·瑟瓦塞（Christophe Cervasel）成立了這個充滿活力的古龍水品牌。品牌創辦的宗旨，是想創造出既像古龍水般飄逸清新，又像淡香精一樣濃郁的香水。現在Atelier Cologne已有超過十款香水可供挑選，紐約與巴黎皆有店面，他們的Orange Sanguine（血橙），揉合血橙、茉莉與零陵香豆，獲得香水界的奧斯卡FiFi Award，絕對令你驚豔不已。

By Kilian

基利安·軒尼詩（kilian Hennessy）來自精品世家，祖父是著名的干邑釀酒師，他的干邑帝國現在隸屬LVMH集團旗下（H即代表軒尼詩）。基利安主修傳播與語言，他的畢業論文探討的是「人神共通語言中氣味的意義」。他的每一款香水（現在已有30款）都訴說一個迷人、富含哲理的故事，如Forbidden Game（禁忌遊戲）、Good Girl Gone Bad（墮落好女孩）、The Lotus Flower and The King Dragon（蓮花與龍王）。其香水產品的香調組合扣人心弦，也有由包括卡莉絲·貝克（Calice Becker）與亞柏托·莫里拉（Alberto Morillas）等知名調香師操刀的系列。精緻可補充的經典黑瓶身非常討喜，香水界該有更多這種「環保奢華」的思維。

66 香水是一種武裝，
可以讓女孩盡情使壞。 99

Editions de Parfums Frederic Malle

斐德烈・瑪爾不是調香師，卻大大震撼了香水界，他讓世界頂尖調香師
自由創造出夢想中的香水，更將他們的名字放上瓶身標籤。高品質的原
料才是品牌的重點，而非昂貴的包裝，許多他的調香師作品，更成為當
代經典，像是晚香玉調的Carnal Flower——明尼克・洛皮翁（Dominique
Ropion）創作、Lipstick Rose（玫瑰口紅）——哈夫・史韋格（Ralph
Schwieger）創作、Musc Ravageur（狂野麝香）——莫里斯・胡塞（Maurice
Roucel）創作。Frederic Malle在巴黎有店面，精品百貨中也有店中店。快
去體驗，好好享受一下，然後崇拜他。

Grossmith

Grossmith是英格蘭歷史最
悠久的香水公司之一，1835
年成立於倫敦。雖然是皇室
愛用品牌（曾被亞歷山德拉
皇后及希臘、西班牙皇室成
員授予皇家認證），並在
1851年的萬國工業博覽會上
得到香水與精油的獎項，但
品牌在1980年後沉寂了好
一段時間直到2009年，創
辦人約翰・葛羅斯密（John
Grossmith）的曾曾孫賽門・
布魯克（Simon Brooke）重
振旗鼓，重新發行甜美懷舊
（而且名稱華麗）的經典香
水，如Hasu-no-Hana（睡
蓮）、Phul-Nana（印度之
花），還有Shem-el-Nessim
（春風之吻）。如今幾款當
代香水創作也加入行列，故
事與香氣同樣迷人。

Heeley Perfumes

詹姆斯・希雷（James Heeley）生於英國約克郡，擁有哲學學士學位，現居巴黎。他的正職是設計師，出自興趣自學傳統法式香水，2006年推出第一款薄荷調香水Menthe Fraîche。初期他與專業調香師一起工作，現在則自己創作（同時繼續從事品牌與產品設計）。希雷的香水作品常常出人意表，Bubblegum Chic（時尚泡泡糖）聞起來真的就像「夢幻魔糖」（Hubba Bubba）的巨大粉紅泡泡糖，我個人則是Hippie Rose（嬉皮玫瑰）的大粉絲，該香水以大量廣藿香及焚香為基調，帶有六〇年代氛圍，無憂又狂野。

Illuminum

由於凱特王妃（Kate Middleton）在婚禮上使用Illuminum香氣高雅豐美的White Gardenia Petals香水，這個品牌幾乎一夕之間聞名全球。雖然現在世界各地都買得到（已超過30款），但最有趣的還是到Illuminum為在倫敦梅菲爾區的香氛沙龍（Fragrance Lounge）來趟感官之旅（Sensory Journey），讓店內專屬的「感官導遊」引領你，依照當下的香氛喜好，嗅聞每個倒蓋玻璃杯中的香氣。好像給鼻子做了個Spa。

Jardin d'Ecrivain

這個法國香水與蠟燭品牌非常獨特，藝術總監與攝影師艾奈絲・畢晶（Anaïs Biguine）從文學作品中汲取靈感。艾奈絲起初製作蠟燭，某次和女兒造訪雨果位在格恩西（Guernsey）的故居花園時，對作家的起居空間產生興趣。喬治・桑（George Sand）、王爾德（Oscar Wilde）、吳爾芙（Virginia Woolfe）的歐蘭朵及柯蕾特（Colette）筆下的Gigi都被裝入香水瓶。閉上眼讓想像力帶你進入作家們的空間，真是樂事一椿。若有幸一訪，也務必試試旅行香氛蠟燭。

Juliette Has A Gun

沒幾個香水創作者像羅曼諾·瑞奇（Romano Ricci）一樣開過賽車，他曾參加過法國知名的Le Mans 24小時耐力賽，最後卻在香水世界中找到自己的天職。羅曼諾的香水之路並非是天外飛來的一筆，他的曾曾祖母妮娜·瑞奇是服裝設計師，祖父侯貝（Robert Ricci）則為她創作了傳奇香水L'Air du Temps（比翼雙飛）。最初，羅曼諾說服了調香師法蘭西斯·庫克吉安在他身邊工作，2006年，他以Juliette Has A Gun這個有點古怪，但創新高雅的品牌名稱推出首款香水。關於品牌名，他解釋：「香水是一種武裝，可以讓女孩盡情使壞。」我最喜歡的產品是Romantina（蘿曼汀娜）與大受好評的Lady Vengeance（復仇之女）。

Jovoy

Jovoy位在巴黎市中心，自稱「香水大使」，是來自世界各地小眾香水的藏寶窟。Jovoy曾是一系列香水的名字，瓶身設計性感魅惑，有些是新款，有些是經典老香水，有些則是獻給「咆哮的二〇年代」（Roaring Twenties）的情婦們。換句話說，這些豐美富麗的香水專為希望被看見的女性而生。法蘭索·艾南（François Hénin）是一位迷人的法國男子，大膽拯救了逐漸被遺忘的Jovoy。在此之前他曾在越南工作多年，投身精油產業，他對香水的熱情透過每一款Jovoy香水，閃動灼灼光華。

Londoner

芮貝卡·葛絲威爾（Rebecca Goswell）在發行第一款自己的香水之前，曾為許多全球知名的美妝品牌工作，為它們打造品牌形象、預測潮流，同時也是創意總監。她的香水靈感得自倫敦的郵遞區號及區域，像是SE1代表倫敦的香料碼頭、EC2混合柑橘、萊姆、葡萄柚及杜松子（juniper）的香氣，對都會紳士來說絕對夠經典，現代柑苔調的N6，還有充滿復古女人味的W1X。為了捕捉倫敦最色彩繽紛的區域，芮貝卡和居住在倫敦的朋友，同是也是第四代調香師法蘭索瓦·侯貝（François Robert）一起工作。

Maison Francis Kurkdjian

即使身為全球三大調香師之一，曾經是名芭蕾舞者的法蘭西斯‧庫克吉安仍繼續在主流商業香水產業中工作，知名的作品如Elie Saab的Narciso Rodriguez For Her。2009年起，他以個人同名品牌推出精彩萬分的香水。這些創作出色地喚起情感與香氣，Aqua Universalis（永恆之水）是庫克吉安精彩作品中我的最愛之一，「靈感來自清新的感覺：不是清新的氣味，而是當你在旅館或家裡，鑽入鋪著乾淨被單的床的感覺。」目前品牌有好幾家獨立店面，同時也是全世界的獨立香水店最夢寐以求的品牌。庫克吉安在香水創作中完全不設限，他發明了兒童用的香氛泡泡水，還有最美妙的香氛洗衣精。

Mary Greenwell

全球知名的彩妝藝術家瑪麗‧格林薇爾（Mary Greenwell），一生熱愛香水。她與調香師法蘭索瓦‧侯貝將這份熱情注入一系列令人興奮不已的香水中。瑪麗總要在名模們完妝後噴上香水才算大功告成，讓她們在鏡頭前更有自信。品牌的初試啼聲之作Plum（甜李）是典型的柑苔調香水，超複雜細緻、超女性化、超性感，我們打賭這款香水即使再過一百年絕對還是能顛倒眾生。近期的作品Lemon（檸檬）、Fire（火焰），和Cherry（櫻桃）也同樣精彩。瑪麗不但將會是明日之星，更是個可人兒。

MEMO Paris

一如Atelier Cologne，MEMO背後也有一對夫妻：約翰與克拉拉‧莫洛伊（John and Clara Molloy，約翰曾任萊雅與LVMH執行長，克拉拉則是作家）。兩人皆熱愛旅行，他們想成立一個品牌，捕捉旅途中的氣味記憶，MEMO因此誕生。大受歡迎的調香師亞莉艾諾‧瑪瑟內（Alienor Massenet）為品牌創造一系列香水，瓶身各飾以不同的奢華黃金設計。最暢銷的是神祕玫瑰香調Lalibela（聖城玫瑰），以衣索比亞的一個基督教城市命名，相傳天使從天堂降臨，一夜之間建造了十二座教堂。其他的香水靈感則來自愛爾蘭（愛爾蘭皮革）或緬甸（馥郁的桂花香氣），並以茵萊湖（Inlé）命名。

Ormonde Jayne

琳達‧畢爾金頓（Linda Pilkington）的品牌Ormonde Jayne是倫敦小眾香水品牌的先驅之一，她的兩間店面，一個在梅菲爾，另一個在雀爾西，吸引世界各地的香水愛好者前來尋找與眾不同的香水。她曾說：「所有事物都是我的靈感。我可能在蒙巴薩的海邊聞到花香，或是看到洋裝上的漂亮色彩，就找到了靈感。」一如MEMO，Ormonde Jayne的香水幾乎來自她遍及世界的旅行，Four Corners of the Earth（四方境界）系列特別吸引人，香氣極為奢華豐麗的濃烈花香調Tsarina（女沙皇）簡直太美妙了。

Roja Parfums

洛傑‧朵夫曾為Guerlain工作多年，香水知識淵博精深，被稱為香水專家。他的私人老香水和香水瓶收藏在世上可能也是數一數二的多。離開Guerlain後，他先在哈洛德百貨開設精緻典雅的訂製香水店（Haute Parfumerie），後來開始創作自己的香水系列，經常使用價格不菲的原料（想當然也反映在香水售價上）。他為其大膽的香水取一些充滿挑逗意味的名字，如Scandal（醜聞）、Risqué（鋌而走險）、Innuendo（性暗示）、Mischief（禍水）、Danger（危險女人香）及Reckless（衝動）。我們也建議你大膽地嘗試看看。

Tauer Pefumes

安迪‧道爾（Andy Tauer）是一位自學調香師，原本的工作是化學家。他最初以一人公司的形式推出自己的品牌，白天繼續從事正職。來自瑞士的安迪迷人不多話，非常受香水迷與部落客喜愛，他將其獨特的瓶裝創作視為「香氛雕塑」，十分吸引人。該品牌有好幾個系列：Classics、Collectibles、PentaChords，體現了香水中「少即是多」的哲學，還有使用特別「珍貴」原料的Homages。我特別鍾愛Le Maroc Pour Elle（她的摩洛哥），其溫暖辛香料的玫瑰調，的確很有北非露天市集的感覺，還有充滿營火氛圍的Lonestar Memories（孤星回憶）。他的官方部落格可以讓人一窺調香師的內心話，也很值得追蹤。

Thirdman

Thirdman香水不分性別，氣味與瓶身一樣極簡，單純的成分是他的亮點，而且（到目前為止）全都是古龍水般的風格。我的首選是清新鮮亮的柑橘調的Eau Monumentale（不朽之水），尾香則是木質調。藏在這個故作神祕品牌背後的是尚·克里斯多夫·葛勒福（Jean-Christophe le Greves），曾在精品界擔任創意總監，現在為紐約的國際香精香料公司工作，他和公司的調香師共同創造的香水既單純又流暢，抽象但親切，而且前所未見。Thirdman的香水可以冷藏後使用，清涼感加倍。

Tom Daxon

湯姆算是個香水天才。雖然才二十出頭，然而他「從出生以來就被香水包圍」。母親黛兒·達森·鮑爾絲（Dale Daxon Bowers）曾在莫頓·布朗（Molton Brown，英國高價美妝公司）擔任創意總監長達三十年，因此湯姆成長過程中嗅遍品牌發行（以及更多未發行）的所有新產品，並且經常和黛兒前往會見調香師賈克·夏貝爾（Jacques Chabert）。畢業後湯姆最想做的就是成立自己的香水品牌，如今他與賈克與他的女兒卡拉·夏貝爾（Carla Chabert）共同創造精彩的香水。最受歡迎的香水包括靈感來自干邑的圓潤VSOP（陳釀酒香）、濃厚乳香調的Resin Sacra（神聖之香），以及芳香綠色調的Salvia Sclarea（快樂鼠尾草）。

Xerjoff

塞吉歐·默莫（Sergio Momo）來自義大利杜林，是Xerjoff的創辦人，他想要創造一個「無可比擬的奢華」品牌。（Xerjoff發音為「zerjoff」，是他克羅埃西亞祖母為他取的小名。）目前品牌旗下的香水已超過五十款，清一色只使用最高級的原料，並以歐洲傳統手法製作。絕對奢華的香水裝在以義大利精巧工藝打造的瓶子中，例如Shooting Star流星系列以蝕刻玻璃瓶加上厚重的金色瓶蓋，裝入絲綢小袋中，在在讓消費者有VIP般的感受。

a bespoke fragrance:

THE ULTIMATE LUXURY

極致奢華訂製香水

或許你找不到喜愛的香水。或許你是那種只穿量身訂做衣服的人，喜歡自己做的每一件事情都充滿個人特色 。或許你是講究生活品味的行家，一輩子追尋珍稀、甚至幾乎無法得手的事物。或許你是大企業家或是企業家的老婆，或是情婦。選擇尋求調香師量身打造香水有太多不一樣的原因，這些香水很可能成為這些人真正的「代表性香氛」，好比香水中的高級訂製服。

珍·柏金（Jane Birkin）向琳·哈瑞絲（Lyn Harris）訂做L'Air de Rien（自在），後來成為暢銷香水。

委託訂製香水並不便宜（不過在本章最後也有提供一些「便宜」的方法，可將既有的香水「個人化」）。這是人生中真正的奢侈品之一，代價也非常高昂。琳·哈瑞絲是英國最頂尖的訂製調香師之一，費用從12,000英鎊起跳，從諮詢到將最終的香水裝瓶讓客人享用，經常必須耗費超過半年的時間。

珍·柏金是琳最知名的客戶之一，當她找上琳的時候，對欲訂製的香水已有非常明確獨特的想法。琳替客戶特製的香水，最後很少會在Millier Harris品牌之下，以商業模式發行，但L'Air de Rien卻成為市場上的暢銷香水。我們來到琳位於倫敦西區諾丁丘的工作室，想要了解訂製香水的實際操作過程。

委託訂製香水的客戶都是什麼樣的人？

各式各樣的人，從坐擁一切的人，到會在Hermès訂做手工皮件的男人，也有來自中東與亞洲的客戶，有時候是丈夫想要贈與妻子最頂級的禮物。有趣的是，客戶們常常一個拉一個，最後我還可能為全家族或整個朋友圈都創作了專屬香水。

你一年製作幾款訂製香水？

我只能製作四款，所以有一長串候補名單。我需要很多時間，通常這些人居住在海外，過程也因此拉得很長。

諮商如何進行？

第一次諮商的時間可能從三至六小時不等。一開始我會詢問客戶使用過的香水、香氛的類型，並了解整體脈絡，從他們的母親、祖母，到初戀情人的香水……等等，有點像心理治療。客戶有時會因此焦慮地來回踱步說，「天啊，我把我的人生都告訴你了！」但唯有如此，我才能抓到他們要的味道。有時候若客戶是來訂做禮物，我常能感覺到過程中，對方心裡似乎一直想著：「我來這裡幹嘛？」因此我的挑戰就是卸下他們所有心防。最後幾乎每次都能開心愉快的結束諮商。

客戶在諮商時會聞些什麼嗎？

當然，這部分很關鍵。我會拿各種原料請他們聞，並告訴我他們喜歡與否。我會向他們介紹不同的香氛家族與次家

l'air
de
rien

Miller Harris
LONDON

the perfume bible

族，像是綠色調、海洋調……等數十種不一樣的東西，同時一邊非常仔細地寫下他們特別有感覺的香調。

我會帶領客戶認識天然原料與一些較新的原料，最後以香水中最重要的元老級香精做總結，如茉莉和玫瑰等。他們這時候通常會很驚訝，因為如果只聞過已完成的香水，未經處理的原料氣味會與想像中的很不一樣。茉莉原料的藥味極重，但在完成的香水中則會是富麗的花香。我當天也要提供客戶一些輕食，通常是茶、蛋糕或午餐的形式。諮商過程很緊湊，曾有人昏倒在我身上呢！我還帶他到庭院呼吸新鮮空氣，不過幸好後來他沒事。

諮商結束後的下一個步驟是什麼？

諮商結束時，我會訂出三個非常明確的不同方案，並分別試驗發展，三個月後，把提案呈現給客戶。極少數的時候客戶會三種都非常喜愛，這時我就為他們製作三種不同的香水。不過，另外兩款香水就只會收取一般價格的一半。我從事訂製香水工作二十年，從來沒有客戶在聞了提案之後告訴我：「你根本沒搞懂嘛！」

我也常常會以客戶的專屬香氛製作蠟燭，讓他們的家裡充滿同樣香氣，如此一來，這個氣味就會更加個人化，與生活密不可分。我有過一個客戶非常喜愛她的香氛蠟燭，最後訂購了一百個，做為她的派對伴手禮。客戶也經常要求要在自己常用的護膚產品中加入訂製香水，經常一次就訂做好幾份，以便到哪都可以擦。

你最喜愛這個工作中的哪個部分？

我的工作中創意元素比重極大。尤其當遇到宣稱「錢不是問題」的客戶，我就能盡情使用稀有原料。很多頂級原料的產量極少，如產自格拉斯的玫瑰、鳶尾花和茉莉。這些原料很稀有，姑且不論預算，我也沒辦法取得足夠的量來用在自己品牌的產品中。

訂製香水的創造力也滋養了我自己的品牌Miller Harris，而且不僅是像珍・柏金之類的案子最後成為產品之一。我和訂製香水客戶工作的同時會得到靈感，引領我走向品牌未來的香水創作，有時還會讓我對某種已經很少使用的原料或風格舊情復燃。最開心的是與客戶互動的過程，這是訂製工作中最刺激有趣的一面了。

我和訂製香水
客戶工作的同時
會得到靈感，
引領我走向品牌
未來的香水創作，
有時還會讓我
對某種已經很少使用
的原料或風格
舊情復燃。

訂製服務

全球各地有許多才華洋溢的調香師，都像琳．哈瑞絲一樣提供訂製服務。以下名單，將開啟極致奢華之路。

Thierry Wasser 堤耶里．瓦瑟（Guerlain，巴黎） 每年只有極少數的顧客能得到這千載難逢的機會讓堤耶里為他們訂製香水，他可是全世界最知名香水公司之一的創意領導人呢。
www.guerlain.com

Roja Dove 洛傑．朵夫（倫敦） 洛傑對香水的歷史與知識如百科全書廣博，曾與許多私人顧客工作，為其製作個人香水，全程索費「至少」20,000英鎊，並費時數月。他也曾為特殊場合創作一次性香水，例如倫敦V&A博物館的「迪亞吉列夫展」（Diaghilev），還有倫敦博物館的「奇普賽德珠寶展」（The Cheapside Hoard）設計一款忠實呈現倫敦大火時代（Great Fire）的香水，在展場牆上散發迷人香氣與些許燒焦味。
www.rojadove.com

Linda Pilkington 琳達．畢爾金頓（Ormonde Jayne，倫敦） 琳達．畢爾金頓在倫敦擁有數家珠寶般的香水店，但也有一群為數可觀的私人顧客。琳達不算是獨當一面的調香師，不過她與才華洋溢的專業調香師們密切合作，經常諮商私人顧客，創造他們心目中的夢幻香水。
www.ormondejayne.com

Floris（倫敦） Floris從1730年起就為數不清的名流客戶製作訂製香水，其中包括歐洲無數皇室成員。除了為私人顧客製作訂製香水（價格為4,500英鎊），Floris也提供價格可親的「香水客製化」。先經過九十分鐘的諮商，接著調香師會在Floris Fine Fragrance或Private Collection等既有的香水系列中，加入量身訂做的調配成分將香水個人化。
www.florislondon.com

Anastasia Brozler 安娜塔西亞．布魯斯勒（倫敦） 踏遍全球的安娜塔西亞，其「正職」是與Illuminum和Union Fragrance等品牌合作。而與客戶的諮商則會在她座落在聖詹姆斯的喬治

亞風格辦公室進行。「有些客戶會帶著漂亮的古董Hermès手提包前來，希望我能夠重現皮革的氣味，類似三〇年代的柑苔調。有些則開來他們的Triumph Spitfire，說：『我好喜歡車子的皮革和汽油味，我想要捕捉這些氣味，再結合我的雨靴和Barbour夾克，趕在Goodwood嘉年華之前完成。』我因此必須趴在地上認真地聞排氣管的味道。」

www.scentlondon.co.uk

Lorenzo Villoresi 羅倫佐・維洛雷席（佛羅倫斯）來自佛羅倫斯的調香師羅倫佐・維洛雷席原本的專長是心理學與哲學。在一次北非與中東的旅行途中，被激發了對辛香料與芳香原料的興趣，從而開啟香水事業，為朋友們製作香水。除了擁有自己的同名品牌，他也為富豪級的顧客製作訂製香水。

www.lorenzovilloresi.it

Sarah Horowitz 莎拉・赫薇絲（加州）莎拉從八〇年代起就在製作客製化香水。事業之初，她背著內裝100種精油的香氛匣，在馬里布和洛杉磯海灘附近，帶領女性進行「香氛之旅」，並為其設計客製化香水。面對面諮詢的價格約1,000美金。莎拉也提供有趣的「線上香氛之旅」，可透過網路訂購三款客製的香氛配方（純精油形式），能用來製作香水、沐浴膠、身體乳、按摩油等等。

www.sarahhorowitz.com

Mandy Aftel 曼蒂・愛芙特（加州）曼蒂・愛芙特（見70-71頁）是全球最頂尖的天然訂製調香師，不僅如此，雖然只使用純天然精油與香料，卻被《富比士》雜誌名列全球七大頂尖訂製調香師。曼蒂在位於柏克萊的工作室也提供入門的香水課程與工作坊。

www.aftelier.com

小提醒：香水在國際郵寄上有許多限制。

> 我非常喜愛我的
> 原料，我花去大把
> 時間與金錢找尋原料，
> 然後把它們變成
> 手工香水。
>
> ——曼蒂・愛芙特

tip 小技巧　**用香水令乾枯黯淡的秀髮重現光彩**

洛傑・朵夫建議將香水噴灑在梳子上，再用來梳理秀髮：「秀髮將會閃閃發亮，並散發迷人香氣。」

TOP
100

此生必試的
100款香水

perfumes
TO TRY
before
YOU DIE

本章所列出的香水，都在其發行年代中，深具突破性與代表性，因而獲得名聲與地位。當然，除了這100款香水，世界上還有許多其他美妙的香水，然而若想了解香氛的歷史脈絡，可以先從認識這幾款香水開始。

1 4711

香氛家族：清新
發行年分：1792
創作者：Wilhelm Mäulchens

現下的香水在兩百年後仍會被人們愛用的能有多少？我想，若有，應該也很少。因此4711是多麼了不起，現今廣受喜愛的程度一如往昔。它是一款典型的古龍水，誕生於德國科隆，清新明亮的夏日感從發行到今日永遠不過時。濃濃的柑橘香氣，以近乎激昂雀躍的香柑、柳橙、苦橙花，豐沛多汁的檸檬，幾乎就要噴了滿臉。柑橘香漸趨和緩後，香草中味隨之浮現，薰衣草與迷迭香的氣味非常明顯。彷彿在涼爽的傍晚，穿過一扇門，步入藥草店的庭院，粉嫩的玫瑰令人驚喜，從被陽光曬暖的牆上含情脈脈地散發陣陣香甜。這款中性香水基調帶著幽微的麝香與岩蘭草，整體而言能帶來若有似無的氣味。

2 Acqua di Parma Iris Nobile
（高貴鳶尾淡香精）

香氛家族：柑苔
發行年分：2007
創作者：François Caron

有些香水即使濃度不同，聞起來也很相似，但這款層次豐富且高雅的鳶尾花香水的淡香水版本明亮輕盈，淡香精版本則濃郁深沉又性感。Iris Nobile確實是一款極盡官能感的創作，一點也不老派，但對於傳統花香調愛好者來說又足夠懷舊，嫵媚性感但不會太強勢。大家都知道，香水也有自己的「流行」，而鳶尾花正是接下來幾年的當紅原料。不過除了Prada，還有Chanel的28 La Pausa，沒有幾支鳶尾花香水能夠像這款法蘭索瓦．卡宏（他同時也是法國文化界最高榮譽的法蘭西藝術與文學勳章得主）溫暖繁複的創作，出色地展現價格高昂且珍貴鳶尾花的甜美、絲絨麂皮特質。香柑、小橘子、鳶尾花、橙花、桃子及依蘭依蘭的香調彼此水乳交融，緩緩沉入以香莢蘭、廣藿香、橡木苔及琥珀組成的悠長後味，在肌膚上溫和地散發香氣。聞起來就像被陽光或營火烤暖的巨大花圈，散發陣陣香味。

3 Agent Provocateur
Agent Provocateur（同名香水）

香氛家族：柑苔
發行年分：2000
創作者：Christian Provenzano

從不透明少女粉紅與蛋形瓶身來看，你可能猜想Agent Provocateur——風情萬種的內衣品牌推出的第一款同名香水——想要打破框架，而他們也做到了。經典的「性感」香水通常會落在東方調家族中，但調香師克里斯汀·普羅凡札諾卻以極高雅的柑苔調做為主線。Agent Provocateur沒有「輕解層層羅衫」，某方面來說從前味就開門見山，赤裸的慾念之美幾乎馬上就一絲不掛。中調是滿滿的玫瑰，但可不像姨媽身上的玫瑰味，而是妖嬈的玫瑰。香水部落格www.basenote.com如此形容這款香水：「這個玫瑰調徹夜未眠，抽煙飲酒，直到太陽升起才步伐蹣跚地回家，享盡每一刻時光，並期待下一回合。」香水在肌膚上會愈發纏綿，濃厚的廣藿香與皮革調飄著幽微香氣，伴隨煙薰感的琥珀、麝香及橡木苔。這款香水辦公室不宜。但如果意圖誘惑的話，那就套上你最美的內衣、將香水灑滿全身吧——或許接下來兩天的早晨，當你煮濃縮咖啡的時候，肌膚上仍會殘留依稀的纏綿之香呢！

4 Annick Goutal
Eau d'Hadrien

香氛家族：清新
發行年分：1981
創作者：Annick Goutal、Francis Camail

這款輕盈如檸檬雪酪的香水，讓雅妮珂·古塔（Annick Goutal）踏上明星調香師之路。由於整體香調充滿明亮的清新感，在男性與女性的肌膚上效果都很好，因此嚴格來說這款香水男女通用。從前味開始就是大量的柑橘調：葡萄柚、西西里檸檬、香櫞（citron）以及橘子。「明亮」特質來自乙醛——也就是賦予Chanel No.5魔力的合成成分，幾乎要從瓶中滿溢而出。短暫的柑橘調並不多做停留，但精彩的才剛開始。接下來是青草調以及聞起來有點像鉛筆盒的絲柏（cypress）。一絲依蘭依蘭添加些許溫柔感，但完全不會讓這款經典中性香水變得過於女性化。Eau d'Hadrien就是如此單純不複雜有如掛滿洗淨衣物的曬衣繩，彷若微風輕拂的戶外氣息，如果喜歡沖澡後套上乾淨白襯衫的感覺，那麼你應該會喜歡。它不若東方調與花香調精緻繁複，整個「清新」調香氛家族在肌膚上停留的時間也相對較短。話說回來，補噴這款令人精神一振的歡欣香水不也是趣味的一部分嗎？

5 Antonia's Flowers
Antonia's Flowers
（同名香水）

香氛家族：花香
發行年分：1984
創作者：Bernard Chant

從沒有人能真正捕捉步入花店時迎面而來的氣味，但是安東妮雅·貝蘭卡（Antonia Bellanca）以這款香水做到了。她在長島的花店曾是漢普頓精英人士們必訪的朝聖地，花店受歡迎的程度鼓舞安東妮雅與調香師合作，以將微帶苔蘚味、潮濕如蕨類的鮮嫩香氣裝入瓶中。不過其中一個香調特別突出，那就是小蒼蘭：打開裝著淡粉紅色香水的瓶子後，首先衝出的是高辛烷（high-octane），接下來浮現的就是小蒼蘭。我們不太確定為何這個迷人的香調沒有被廣為使用（或重製），不過在此滿是小蒼蘭香氣，忠實捕捉將鼻子埋入一大把小蒼蘭中的氣味。其他花香低調陪襯著，特別是紫羅蘭、忍冬，或許還有馨香的薰衣草調（加上些許清新的伯爵茶），但這款香水最令人驚喜的，是十足的嬌嫩欲滴感，絕不帶粉味，始終維持清脆嫩綠。如果愛買花，或是想要一瓶子的春天，Antonia's Flowers就是最佳選擇。無論何時使用這款香水，你一定會被問擦了什麼，因為它就是這麼與眾不同。

6 Armani
Acqua di Gioia
（寄情水淡香精）

香氛家族：清新
發行年分：2010
創作者：Loc Dong、Anne Flipo、Dominique Ropion

想要放鬆心情時，我們往往會選擇熟悉的古龍水；不過，某種既能降溫，又像涼爽海風的東西也是個好選擇，這款Armani香水正是如此：有如一瓶沁涼的黃瓜水冷飲，足以解渴。這款香水的前中後味幾乎都是薄透輕盈的，起初是微酸的檸檬水果香，隱約透著葡萄柚與鳳梨。同樣具透明感的中味是大量檸檬花與搗碎的薄荷香氣，充滿綠意，並捻入茉莉花與一絲胡椒。Acqua di Gioia的前兩個階段毫無疑問地飽含水感。但隨著肌膚的溫度，香水的複雜度逐漸浮現，「黑糖香氛和弦」（brown sugar accord）的甜美感使木質調的雪松與勞丹脂圓潤許多，也為後味增添幾乎難以察覺的美食調溫柔感。清新又極富夏日風情，實在難以想像在冬天使用這款香水呢。

7 Atelier Cologne
Orange Sanguine

香氛家族：清新
發行年分：2010
創作者：Ralph Schwieger

有誰不愛將手指掐入橘子皮中的爽快感，感受四射噴濺的汁液呢？清新又高雅的Orange Sanguine，幾乎魔法般地捕捉這般感受。這是該品牌最早推出的「加強版古龍水」之一，比絕大多數的古龍水持久許多。Orange Sanguine充滿豐盈的柑橘香氣，幾乎可以在前味感受到橙皮的苦，襯托橙肉的多汁甜美。沐浴陽光下的開場之後，中味逐漸變得平靜青翠，天竺葵調與低調的茉莉，揉入少許黑胡椒，慢慢轉為溫暖的零陵香豆、琥珀木與檀香。2012年Orange Sanguine曾贏得法國FiFi的專家獎（Experts Award），那是香水界的最高榮譽之一，而它也確實當之無愧。如果你還不認識Atelier Cologne，試著找家有展售其迷人作品的香水店，然後好好享受這款大受好評的柑橘香水，幾乎可以補充維他命C呢！

8 Balmain
Ambre Gris（灰琥珀）

香氛家族：東方
發行年分：2008
創作者：Guillaume Flavigny

龍涎香是香水中最神聖又神祕的成分，效果完全不可預期，因為這是被沖刷到海岸上的鯨魚消化系統的殘餘物。何以如此不優雅的東西，卻能擁有銷魂懾人的香氣，令人費解。如果有機會聞聞真正的龍涎香，你一定會難以忘懷。即使最近復活的服裝品牌Balmain在這款香水中使用的是合成龍涎香，也足以了解人人覬覦渴望的真正龍涎香有多麼誘人。只要一眨眼，粉紅莓果與鼠尾草的前味便稍縱即逝，柔軟辛香的美妙中味接著揭開序幕：肉桂、沒藥、一縷焚香，還有黑胡椒。Ambre Gris不像許多東方香調一般排山倒海，但仍然會在肌膚上纏綿許久。迷霧般的琥珀與煙薰味、白麝香與安息香，以及帶有「香莢蘭調」（vanilla-esque）的成分，令整體香氣幾乎令人垂涎。Ambre Gris有如喀什米爾披肩溫柔包裹，也像一杯熱可可般療癒，但更加性感！我愛極了它裝飾藝術感的瓶蓋與灰色玻璃瓶，活脫脫是「大亨小傳」的風格！

9 Balmain
Vent Vert（綠風）

香氛家族：花香
發行年分：1945
創作者：Germaine Cellier

這陣被裝入瓶中的綠色旋風，最近才重新改版後，遠不及原版翠綠。創作者潔曼·瑟麗耶（Germaine Cellier）是當年少數的女性調香師之一，透過這款香水捕捉修剪後青草的清新、冬青樹蔭下的涼爽，也有少許來自勞丹脂、白松香（galbanum）及羅勒幾乎帶點刺激性的乾澀感。瑟麗耶是個女強人，經典創作還包括為Robert Piguet製作的知名香水Francas（晚香玉）與Bandit，還有Balmain的Jolie Madame。新款的Vent Vert加入花香調使其更加討好現代的香水使用者。據說香水成分從一千一百種減少至三十種，包括紫羅蘭、小蒼蘭、風信子、依蘭依蘭、鈴蘭、鳶尾花與苦橙花。香氣翠嫩清新，比原版的要幽微些，即使粉味的尾香不若原版明顯，依舊非常討人喜歡。

10 Bobbi Brown
Beach（豔夏沙灘）

香氛家族：花香
發行年分：2002
創作者：佚名

夏日時光，愉快的人生，這款Bobbi Brown的暢銷香水就是這樣的感覺，聞起來就像年少時的夏季，無憂無慮的豔陽天，皮膚塗滿助曬乳，沙子黏了一身，夾腳拖鞋和短褲、某處傳來喇叭播放的「海灘男孩」的歌曲。隨著人生中愈來愈多的責任，這種自在翱翔的感覺幾乎不復存在，但是這款香水卻擁有喚醒它的魔力。茉莉與苦橙花的香氣隨著一陣微風般的海洋調迎面飄來，還帶著一股鹹味，幾乎令人想舔舔自己的皮膚。女人會希望聞起來像助曬乳嗎？有時候當然希望啦！如果希望閉上眼的瞬間就到渡假勝地，沒有什麼比這款香水更迅速的方式了。Bobbie Brown的彩妝旨在「妳還是妳，只是更美麗」，她的香水也值得受到一樣的期待，所以下次準備囤貨大地色眼影時，別忘了試試香水系列。Bed香油（perfume oil）也非常值得一試，有著最悠長持久的橙花香氣。不過這個系列產品總是以限量版形式推出，可遇不可求，所以萬一碰上了，千萬不要放過！

11 The Body Shop
White Musk
（白麝香）

香氛家族：東方花香
發行年分：1981
創作者：佚名

啊，White Musk，近二、三十年來，英國的青少年甚至成年女性，聞起來都是這個味道。對英國女人來說，這款香水是除了Chanel No. 5之外，讓眾多愛用者能聞之而立即懷念起往日時光的味道，只消深吸一口，數十年的光陰瞬間煙消雲散。不過當The Body Shop在八〇年代初期推出時，誰能想到最後竟成為（價格親民的）香水經典，至今仍是暢銷商品之一呢？White Musk的後味久久不散，是純真乾淨的麝香味，不會流於香豔肉慾；甜美鬆軟如雲霧，加上可人的粉嫩花香調，最後在肌膚留下輕柔愜意的香莢蘭餘味。離開高中校園多年後，當我們再次聞到這款香水，真心認為White Musk在英國女人心中的地位實至名歸。試用這款香水時，務必也試試它的絲柔氛香油，較香水版本深沈陰鬱，加入百合、依蘭依蘭、茉莉與玫瑰，更添層次。

12 Bottega Veneta
Eau de Parfum（首款香水）

香氛家族：柑苔
發行年分：2011
創作者：Michael Almairac

這是Bottega Veneta 所推出的第一款香水，卻非常大膽不保守。來自威尼斯的高檔奢侈皮件品牌選擇華麗摩登的柑苔調，在香水版圖中表明定位。這款淡香精簡直是為皮件愛好者而生，即使在香氛金字塔中完全沒有皮革調，Bottega Veneta的同名香水卻帶著極溫柔，有如麂皮般說著「碰觸我吧」的性感（大量鳶尾花和紫羅蘭也助了一臂之力）。同時也展現經典柑苔的架構。前味的香柑和橡木苔，後味的廣藿香，兩者之間流轉著一股有如優雅絲絨、透著茉莉香氣的威尼斯迷霧，伴隨隱約的粉紅胡椒與成熟水果，有杏桃和梅子（prunol），加上麝香和香莢蘭。有些部落客認為Bottega Veneta帶著某種「鹹味氣息」，好比在內陸聞到遠方飄來的海水氣味。根據調香師麥可‧雅邁拉克（Michael Almairac），這是因為「港口聞起來像皮革」。來自威尼斯慕拉諾（Murano）的玻璃瓶身、瓶底的Bottega Veneta標準編織格紋，與瓶頸上的超細皮繩，整體包裝（還有氣味）予人真正的奢華感。

13 Boucheron
Boucheron
（同名香水）

香氛家族：花香
發行年分：1989
創作者：Francis Deleamont、Jean-Pierre Bethouart

香水改變心情的力量讓人們心醉不已——辛苦了一整天，你已經委靡不振，即使美好的夜晚就在眼前，卻一點也沒有心情套上黑色小洋裝。拿出這款豐饒的花香調香水吧，瓶身靈感來自戒指，輕灑在脈搏處，瞬間換上想狂歡的心情，速度絕對快到你來不及說完「來瓶Moët & Chandon 香檳！」這是來自巴黎珠寶品牌Boucheron的第一款香水，深具誘惑力，本身就是一件珠寶，繁複迷人又正式，從擦上第一滴開始，直到你脫下絲絨外套掛回衣架，香氣始終纏綿不已。羅勒和天竺葵揭開序幕，接著充滿女人味的白色花朵舒展花瓣，依蘭依蘭、橙花、晚香玉、茉莉。過了一會兒後味吹起號角，木質調與香莢蘭、橡木苔和麝貓香浩浩蕩蕩地到來。連淡香精都能在肌膚上停留許久，氣味也很濃厚，因此派對是使用這款香水的不二場合。

14 By Terry
Ombre Mercure
（水星之影）

香氛家族：花香
發行年份：2012
創作者：Jacques Fleury、Arthur Le Tourneur d'Ison、Karine Vinchon、Sidonie Lancesseur

彩妝師泰芮・古茲柏（Terry de Gunzburg）為了初次推出的一系列五款香水，花了足足十四年的心血，完全能感受其用心。若要勉強從這系列中選出一款，那絕非絲絨般豐盈的Ombre Mercure莫屬，這款香水擁有所有老式香水該有的魔力。如泰芮所言，「我希望能與二十世紀初的香水做連結，像是Guerlain和Robert Piguet的香水，它們都是極奢華的體驗。這不代表我的作品是覆滿灰塵的老氣香水，反之它們是當代的香水——清透但不淡薄，豐腴但不濃重。」被溫柔的紫羅蘭和鳶尾花團團包圍，的確可看見Guerlain的影子，大量蜂蜜調的香莢蘭讓絲絨感更上層樓。流瀉而出的玫瑰、茉莉、廣藿香及依蘭依蘭增添怡人氣息。泰芮如此形容這款香水：「濃烈有力，像隻大貓在肌膚上打呼嚕。」

15 Byredo
Flowerhead
（婚禮花冠）

香氛家族：花香
發行年份：2014
創作者：Olivia Giacobetti、Jérôme Epinette

為了完成Flowerhead，瑞典香水品牌Byredo的班・葛罕（Ben Gorham），據說花了六年時間。他的靈感來自表親在印度齋浦爾的婚禮，婚禮上花環不可或缺，甚至會編入新娘的頭髮，這正是香水名字的由來。Flowerhead本身就是一個繽紛的巨大花束，充滿各種香調如玫瑰、晚香玉和茉莉，不過風格清淡，一點也不老氣。香水以浸滿露水的柑橘和甜塔莓果，還有綠色調的檸檬、歐白芷實（angelica seed）和越橘（lingonberry）開場，接著才是花香（茉莉是新娘，晚香玉和玫瑰則是伴娘）。即便漸漸浮現木質調和麝香，整體依然維持清新的春天感，所有我們認識的人，只要聞過這款香水幾乎都會愛上。事實上，我們曾把這瓶香水送給一個年輕女性，她坦言：「以前我都先更衣再噴香水。現在我會先噴滿這款香水，然後才穿上衣服。」真是最有力的背書。

16 Cacharel
Anaïs Anaïs
（安妮）

香氛家族：花香
發行年分：1978
創作者：Paul Leger、Raymond Chaillan、Roger Pellegrino、Robert Gonnon

曾有十幾二十年的時間，幾乎整個歐洲都飄著這款暢銷香水的氣味。Anaïs Anaïs是許多女性的第一款香水，一陣白色花香的粉調仍會勾起她們的懷舊之情。轉瞬即逝的綠葉草本後卻是精緻的花之力大爆發：百合、鈴蘭、玫瑰、依蘭依蘭、晚香玉、康乃馨，彼此甜蜜地交融。在某些人手中，這些花香或許會顯得豐盈奢華，甚至有些情慾，但在這款香水中卻全然清純溫柔，透明輕盈，攝影師莎拉·慕恩（Sarah Moon）操刀，充滿二〇年代風格的柔焦廣告呼應香水的風格。後味的橡木苔、檀香木、雪松和琥珀纖細幽微；過了一會兒，浮現出某種帶粉香的木質調與近乎柑苔的複雜層次，遠比大部分十六歲少女迷戀的泡泡糖花香細緻高雅，適合各種年齡層。難怪有些年紀不小的愛好者始終不肯改用其他香水，再次聞到這款香水，我們似乎又發現了什麼。

17 Calvin Klein
ck one

香氛家族：清新
發行年分：1994
創作者：Alberto Morillas、Harry Fremont

ck one推出的同時也開啓了「男女通用」香水的風潮，負責多款Calvin Klein香水的創意總監安·歌特麗（Ann Gottlieb）形容這款香水有如「在剛沖過澡的暖天，開心地跳躍。」這款香水一下子大受歡迎，發行後十天內創下史無前例的五百萬美金銷售額，而且普遍程度彷彿到哪都能聞到。迸發的清新香柑、檸檬、橘子，加上中味來自茉莉的二氫茉莉酮酸甲酯（hedione），帶點熱帶水果香氣（鳳梨、木瓜），還有紫羅蘭、玫瑰以及少許肉荳蔻和小荳蔻（cardamon）的辛香。這款香水絕對潔淨、純淨、澄淨，引發上千款香水仿效，令整個香水產業走向純粹潔淨的風格，遠離肉慾的性感與魅惑。史上最偉大的平面設計師之一法比恩·巴宏（Fabien Baron），為ck one設計機能主義風格的瓶身，還加上金屬旋蓋。這款香水經得起時間考驗，不僅看起來歷久彌新，聞起來也是。

18 Calvin Klein
Eternity
（永恆時刻）

香氛家族：花香
發行年分：1988
創作者：Sophia Grojsman

這支永遠的暢銷款或許是史上最常在婚禮中使用的香水。Eternity這個名字出溫莎公爵贈溫莎公爵夫人的永恆之戒，後來由服裝設計師卡文·克萊在拍賣會中買下，送給當時的攝影師妻子凱莉·普克特（Kelly Proctor）。其香氣有如瓶中的花束，在康乃馨的隱約辛香後，蔓生玫瑰席捲而來。即使透露帶有香莢蘭氣味的天芥菜，整體卻不甜膩，鈴蘭與其他綠色調令Eternity更加精巧細緻，不會過分性感，也不帶肉慾，非常適合新娘。Eternity還帶有一絲香皂氣息，近乎處女般「純潔」。後味則是合成麝香，會在肌膚上縈繞停留數天，也就是說，如果在婚禮上用了這款香水，直到一個難忘之夜的隔天早晨，那氣味猶在。

19 Calvin Klein
Obsession

香氛家族：東方
發行年分：1985
創作者：Jean Guichard

很難想像當年Obsession的廣告讓多少人氣到臉紅脖子粗——裸露的人體在朦朧光線中彼此交纏，宣告著這一款情色得很坦然的香水。Obsession是Calvin Klein推出的第一款香水，即使對東方香調來說也是少見的濃烈，有點像引信，用來引爆主要的煙花。創意總監安·歌特麗的形容簡潔有力：「性感中透露淫穢，時髦中帶點壞品味。」這款香水當然也有前味（橘子、香柑）和中味（依蘭依蘭、甜橙花），但時間極短，很快就跳到後味，肉慾橫流但不過度低俗。乳香、琥珀、麝貓香、橡木苔、麝香、岩蘭草，還有大量香莢蘭。這款香水刻意使香氣能夠延續整個夜晚直到隔天早晨，千真萬確。即使多年來經過好幾次改版，多數的愛用者仍然公認其濃烈而持久的後味正是它迷人的原因。裝滿干邑色液體的瓶身有如光滑的鵝卵石，切記，千萬不要在辦公室使用這款香水，除非想要獵捕同事。

20 Caron
Tabac Blond （金色菸草）

香氛家族：柑苔
發行年分：1919
創作者：Ernest Daltroff

House of Caron的創辦人厄尼斯·達特洛夫（Ernest Daltroff）在第一次世界大戰創作了Tabac Blond，這是典型的二〇年代香氛，來自女性正在探索自身獨立性的年代。這款香水就像查爾斯頓舞、濃妝豔抹的默片明星，還有Lucky Strike香煙和非法私酒，勇於撒野，但不失甜美。噴在試香紙上，迎面襲來的是一陣刺鼻、粉味和丁香（clove）辛辣感的康乃馨氣味。若噴在肌膚上，Tabac Blond就會變得非常有意思。這款老式香水不強調中味，後味則彷彿一頭鑽進派對，凝滯的神祕焚香、奢華的皮革氣味，還有陣陣脈動的溫暖琥珀。此外還有類似烤布蕾的香甜、馬具般的皮革氣息，大量廣藿香更滿足每個人心中的嬉皮，不過這款香水如其名，主角還是菸草味。根據官方資料，香調還包括椴、岩蘭草、雪松、龍涎香和麝香。Tabac Blond的香蹤可持續數天之久，因此也不適合工作場合。

21 Cartier
La Panthère（美洲豹）

香氛家族：柑苔
發行年分：2014
創作者：Mathilde Laurent

Cartier是少數擁有專屬調香師的香水品牌，才華洋溢的瑪蒂德·蘿虹不跟隨花果香的潮流，創造出這款超時尚的嶄新柑苔香水。推出這款香水時，精緻講究的柑苔家族正面臨「絕種」。因橡木苔原料經證實含有致敏成分，而被禁用，為此，瑪蒂德費煞苦心尋找解決之道，最後這款桃子色的瓊漿玉液，終於重現了正宗的柑苔香氣。明媚的梔子花、少許果香，草莓大黃塔般的氣味來自一種名為「乙酸苯仲乙酯」（styrallyl acetate）的有趣分子，也包含動物香調：麝香，當然還有大量橡木苔。這款香水超級性感，也非常非常細緻講究，瓶身更是多年來我們見過的最美的香水瓶之一，玻璃瓶內部刻有美洲豹頭的輪廓，這隻大貓絕對會對你打呼嚕。也許這支「貓科花香調」香水，會變成全新的香氛家族也不一定呢。

22 Cartier
Must de Cartier
（卡地亞唯我）

香氛家族：東方
發行年分：1981
創作者：Jean-Jacques Diener

東方香調都是低迴魅惑的，然而，這款香水一噴出，卻迎面襲來一縷帶著綠意的白松香（萃取自岩薔薇的樹脂），這對所有熟悉東方香調的人而言，是個大驚喜。Must de Cartier很清新，同時也極撩人。根據香水專家麥可·愛沃茲（Michael Edwards）的小情報，當時公司在眾多提案的清新調和東方調之間猶豫不決，最後，一位來自Givaudan的年輕調香師完美結合了兩個香調。明亮的綠色狂風煙消雲散後，應該會聞到一絲隱約的苦橙花與橘子味，隨後婉約地散發出甜美的水仙、二氫茉莉酮酸甲酯與玫瑰香氣。最令我愛不釋手的，是充滿麝香與琥珀的後味，彼此纏綿交揉的香莢蘭、安息香、樹脂、檀香、紅沒藥（opopanax），還有動物香調的麝貓香（現在皆為合成，但野性不減）。Must de Cartier是Cartier身為「珠寶帝王」時期的第一款香水，七〇年代後，品牌轉向較「實用」（價格也較親民）的日常珠寶、鐘錶與打火機。因此這款香水，也算是件珍寶吧。

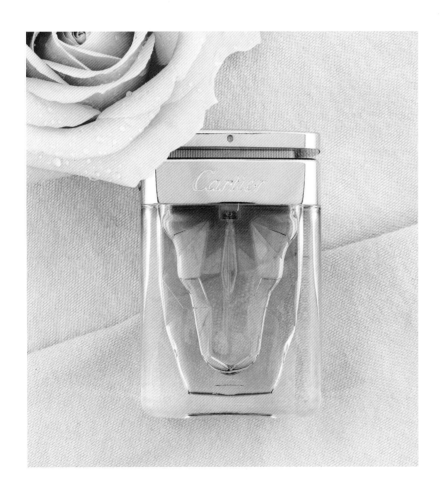

23 Carven Le Parfum
（同名香水）

香氛家族：花香
發行年分：2013
創作者：Francis Kurkdjian

有些香水，初次聞到就知道會成為經典，這款香水正是如此。Carven的Le Parfum不是用來誘惑愛人的香水，柔美細緻的花瓣香氣，即使上班的時候擦也不會惹惱同事，也不會在搭乘電梯前往25樓時一路留下香蹤。就連面試時也很適合！Le Parfum絕對比許多現今香氣撲鼻而來的香水更「個人」與私密，前味有如全身蒙上一陣水嫩的花瓣之雨，美不勝收、如夢似幻。那花瓣包含大量甜豌豆，還有橘子花、茉莉、苦橙花與風信子。後味雖然幽微卻不至於難以捉摸，溫潤的麝香與木質調，透著廣藿香呢喃低語。庫克吉安將之混調得輕盈如羽毛，使用這款清透作品的女性，此時可能正直挺挺地坐在辦公桌前，散發精心修飾的沉靜優雅，並試著維持身上的潔白襯衫一整天平整無皺。

24 Carven Ma Griffe
（綠色卡紛）

香氛家族：柑苔
發行年分：1946
創作者：Jean Carles

Ma Griffe發售首日是歷史性的一刻，從巴黎的天空落下數百個白綠相間的迷你降落傘，每朵降落傘下皆繫著一瓶卡紛女士的專屬香水樣品。當時，這款香水被認為是了不起的柑苔調創作之一，醛為稍縱即逝的橙花與柑橘調前味增添空靈感。中味香氣淡雅，由依蘭依蘭、玫瑰、鈴蘭、茉莉、鳶尾根組成，少許桃子汁帶來若有似無的甜蜜氣息。其中也含有不少「綠色」元素，以免太過女性化。快樂鼠尾草（clary sage），還有從某種大型茴香科植物中萃取出的印度香料「阿魏」（asfoetida），將香水帶往神祕境界。當初性感的後味如岩蘭草、麝香、安息香及楓香（styrax）在現今的版本中，變得清淡不少，然而洗鍊柔和、光滑無稜的感受沒有變。即使現在的配方經過調整，Ma Griffe仍不失精緻高雅，只是更加內斂，不再是二戰後那種一味引人注目、不容出錯的完美巴黎香氣。

25 Chanel Coco

香氛家族：東方
發行年分：1984
創作者：Jacques Polge

Coco在八〇年代大步走進我們的生活中，那是個由巨大墊肩、誇張首飾，還有魅力銳不可擋的女人所組成的超性感年代。Coco是一款充滿辛香料的東方調香水，挾小荳蔻、孜然、帶康乃馨氣息的丁香及肉桂席捲而來，充滿溫暖的樹脂氣息，當然，還有優雅。一如經典的Chanel風格，剛噴灑出的Coco有如一陣醛的巨浪，送來橘子皮、柳橙和桃子，但連說聲「嗨」的時間也沒有，轉眼退去，然後帶出富麗華美的玫瑰、茉莉、橙花和丁香。通常還可以聞到苦香樹（cascarilla）的氣味，那是一種產自西印度的灌木，樹皮可為香甜酒增添滋味。後味由檀香、廣藿香、零陵香豆、皮革及勞丹脂交織而成，其中還有「神祕原料」——梅子，為Coco帶來濃醇幽微的果乾與辛香料般的香氣深度，創造幾近巧克力般的感官饗宴。Coco香水有如Chanel包包和雙C耳環的香水版本，絕對是重要配件，能為裝扮畫龍點睛。不用擔心價格，Coco非常經濟實惠，只要在肌膚或衣物上噴幾滴，就能將你包裹在性感的溫暖中數小時，甚至還有美妙的東方調尾香伴你醒來呢。

26 Chanel
Coco Mademoselle
（摩登Coco）

香氛家族：柑苔
發行年分：2001
創作者：Jacques Polge

這是款專為年輕女孩設計的Chanel香水。不同於經典的Coco，Coco Mademoselle年輕活潑可人、充滿美少女氣息，好比卡爾·拉格斐（Karl Lagerfeld）設計的休閒球鞋，趣味十足且充滿清新的青春感。當然，若你自認心境年輕，也可以使用這款包含許多美食香調的香水，香甜荔枝，柳橙、葡萄柚和檸檬稍縱即逝的低語，籠罩在香莢蘭細雨中。玫瑰和茉莉交織出一片迷霧，霧裡有大量令人非愛即恨的廣藿香，依偎著麝香和岩蘭草。這支香水證明了廣藿香可不只是能耍嬉皮。有許多周邊的美體產品可加強這款香水的風貌與持久度，如香水皂、身體精油、乳液等，可層層疊加使用，一次解決送禮給Coco Mademoselle愛好者的疑難雜症。這款香水的愛好者眾，在美國長銷不墜，甚至擊敗傳奇同儕Chanel No. 5呢！

27 Chanel
No. 5

香氛家族：花香
發行年分：1921
創作者：Ernest Beaux

書寫Chanel No. 5很難不落入俗套，它是永遠的全球暢銷知名香水。打從將近一百年前厄尼斯·波打翻一小瓶醛、灑入其中一瓶他為香奈兒女士調配的五號香水樣品中，便開啟了這段傳說。嚴格挑剔的香奈兒女士聞著一瓶瓶貼上編號的樣品，然後在五號前停下腳步，接下來就和香水歷史敘述的一樣。一陣如汽泡奔騰的醛調前味試圖與依蘭依蘭分庭抗禮（橙花浮現後醛調轉為柔和），中味是茉莉和玫瑰，後味則是檀香和岩蘭草。這是女人心目中完美香水的極致。如同Chanel的專屬調香師賈克·波傑所說：「香奈兒女士創造這款香水時，她的想法是，瓶身應該盡量維持簡潔，精彩留給香水。」在天然原料的限制緊縮下，修改配方成為挑戰，但Chanel No. 5奇蹟般地始終如一。

28 Chanel
No. 19

香氛家族：花香
發行年分：1971
創作者：Henri Robert

據說這是香奈兒女士最愛的香水，以自己的生日命名（8月19日）。最初No. 19只留給特別的朋友與客戶，經過亨利·侯貝（Henri Robert）不斷改良，最後終於在1971年上市，成為那十年間的代表香水之一，並讓剛剛獨立自主的年輕世代透過這款香水認識Chanel。現在No. 19已成為歷久彌新的花香柑苔調香水經典，並有一陣極青翠的涼爽微風吹拂其中。如果你還不認識白松香的氣味，只要噴一點No. 19在肌膚上就會懂了。白松香來自岩薔薇的樹脂狀萃取物，散發翠綠草地的氣息。前味是明顯的白松香，但漸漸淡去後，花香調中味減弱了綠色調，包括茉莉、玫瑰、鳶尾根（取自鳶尾花）、水仙、鈴蘭及依蘭依蘭。現代香水在專櫃試噴的香氣與數小時候後肌膚上的氣味相去不遠，No. 19則不然，香氣層層展露的步調極緩慢。後味是潔淨如白床單的麝香、檀香，還有沉穩岩蘭草。

30 Clinique
Aromatics Elixir（靈藥之香）

香氛家族：柑苔
發行年分：1971
創作者：Bernard Chant

Aromatics Elixir的氣味始終獨一無二，繚繞的辛香料、異國花朵、近乎樟腦的氣息，甚至在一瞬間帶著些許藥味。如果你還不太熟悉Aromatics Elixir，我們敢打賭你早已在陌生人身上聞過不下百次，卻渾然不覺。Aromatics Elixir屬於柑苔調香水，包含所有該有的柑苔元素：香柑、橡木苔、岩薔薇及廣藿香。不過中味則有喧鬧的康乃馨和晚香玉，同時還有岩蘭草、檀香、樹脂調、麝香以及少許玫瑰。有些香水真的不適合年輕人，這款香水尤其如此，若不小心噴在身上，就像披上媽媽的毛皮大衣，摸走汽車鑰匙和Balkan Sobranie香煙，無照駕駛一大段路！如果迷戀果香花香調或甜蜜的美食調，這款香水可能會讓你感覺在大白天踏入絲絨布幔後充滿重節奏的夜店。但我們還是認為非常值得在試香紙之外，進一步認識這款香水，因為隨著肌膚溫熱辛香料和充滿誘惑力的後味，你才能體會為何經過四十多年，Aromatics Elixir始終魅力難擋。

29 Chanel
No. 22

香氛家族：花香
發行年分：1922
創作者：Ernest Beaux

沒有人不認識Chanel No. 5，不過我認為這款香水應該與之齊名，而且更加奢華、更有層次，甚至更精緻。No. 22以問世年分命名，創作者同為為厄尼斯·波。剛噴灑時澄澈清透，大量的醛有如在晴朗的夏日，肺部灌滿氧氣，更為前味的苦橙花與鈴蘭注入光彩。接著醉人的白色花香踏著輕快步伐到來──晚香玉、茉莉、玫瑰、依蘭依蘭──並駐足良久。辛香料、木質調（岩蘭草）和焚香逐漸浮現，比No. 5更明顯的少量香萊蘭，賦予No. 22纏綿的性感強度。青少年使用這款香水，會像小孩偷穿媽媽的高跟鞋。如果你是Chanel No. 5的重度使用者，只要淺嘗過No. 22，可能就再也回不去了。此外，香精版本才是最精彩的，只要輕輕點在咽喉處，就像變魔術一樣，一定會為你贏得浪漫的晚餐約會。

31 Clinique
Calyx

香氛家族：花香
發行年分：1987
創作者：Sophia Grojsman

當Calyx躍上舞台的同時，一股花果香巨浪於焉誕生，直到今日花果調香水仍主宰香水世界。Calyx的第一印象非常明確，就是果液四濺的葡萄柚。但這只是香氣的幻覺罷了，其原料中完全沒有葡萄柚的蹤影，而是數種水果的混合，營造出多汁的印象。橘子、百香果、杏桃、桃子、番石榴，再加上香柑和綠薄荷（spearmint），令人精神一振。就在你以為這是裝在香水瓶中的水果沙拉時，香氣襲人的鈴蘭、小蒼蘭及較柔和的茉莉，優美地上場。據稱後味含有橡木苔、麝香和雪松，不過對我們來說，Calyx依然澄澈輕盈。此外，在我們認識中大部分使用這款香水的人，幾乎沒有經歷過尾香，因為他們實在太愛活潑清新的前味，因此不斷補噴香水。而Clayx的調香師索菲雅·葛羅斯蒙（Sophia Grojsman），是史上最成功的商業調香師之一，每當她需要振作心情的時候就會噴上Calyx。我完全能體會她的感覺！

32 Clive Christian
No. 1（皇家之尊）

香氛家族：花香
發行年分：1999
創作者：佚名

No. 1以金色瓶身上的冠冕形瓶蓋，做出最大膽的宣言：「此為世界上最昂貴的香水。」並因此名留金氏世界紀錄。這款香水完全不擔心原料成本太高，當然聞起來也超級奢侈，尤其是中味無盡的華麗花香：印度茉莉、玫瑰油（1公斤6,000英鎊）、鳶尾根（1公斤11,000英鎊）、康乃馨、依蘭依蘭及許多花朵，並包含水果香調：洋李（plum）、鳳梨和檸檬。接著後味圓滑連貫地飄然而至：琥珀般的飽滿香莢蘭、加上零陵香豆、圓潤的檀香、雪松及麝香。克萊夫·克里斯汀（Clive Christian）的背景不凡，專為頂級客戶設計極盡奢華的廚房與室內陳設。由於非常了解這些客戶的渴望與生活，他深知頂級香水絕對有市場，No. 1為多款香水中的第　款，即使你只買得起IKEA的廚房，仍值得認識一下它。豪華瓶身還有多款可供選擇，包括價值215,000美金的0.5公升Baccarat水晶香水瓶。www.luckyscent.com網站形容No. 1是「前往夢幻花世界的頭等艙香水票」，一點也不假。

33 Creed（克蕾德）
Love in White
（暮光）

香氛家族：花香
發行年分：2005
創作者：Olivier Creed、Erwin Creed

Love in White讓人以為這是一款類似婚禮捧花的香水，但這款香水絕不只如此。其中少見的「米糠」（rice husk）調為這款香水增添不少神祕趣味。Creed家族經營香水產業已有七代之久，Love in White的靈感來自奧利維耶·克里德（Olivier Creed）的海上旅行，我猜想，他一定曾在某些港口嘗到熱氣蒸騰的白米飯。還有西班牙柳橙皮的氣息、來自法國里維耶拉（French Riviera）的黃水仙、瓜地馬拉山區的木蘭花（magnolia）、義大利茉莉與保加利亞玫瑰。埃及鳶尾花也是主要香調之一，柔滑的乳脂感完美地使全體更加柔和。後味再度回到奧利維耶的海上旅程，加入邁索爾（Mysore）檀香、爪哇香莢蘭與龍涎香，創造性感的香調。不過或許白宮才是Love in White最重要的地理聯結，世界上第一瓶Love in White香水，獻給了蘿拉·布希（Laura Bush），據說蜜雪兒·歐巴馬（Michelle Obama）也是愛用者。

Dior
Diorella

香氛家族：清新
發行年分：1972
創作者：Edmond Roudnitska

享負盛名的調香師艾德蒙·路尼茲卡創造了偏男性化的中性的Eau Sauvage，Diorella則是女性化的版本，同樣極清爽。西西里檸檬、桃子、義大利香柑和檸檬，還有少許羅勒，乘著撲鼻而來的醛開場。Diorella幾乎沒有甜美感，屬於清爽不甜的香水，中味的茉莉和忍冬若有似無，有如走在石板路上，忽而嗅到一絲，但僅僅一絲，從某個花園飄來的花香。過了一會兒香氣愈發「青綠」，原來是經典柑苔調的橡木苔，也能嗅到些許勞丹脂，如此青翠的獨特香調也可在Chanel No. 19中聞到。後味在肌膚上久久不散，令人欣喜，包括岩蘭草、麝香、廣藿香和檀香。想要增添神祕感的話，用這款香水就對了：Diorella少為人知，也不太容易被認出（但理應得到更多注意），絕對令人猜不透你身上的清香到底是什麼。（不過可能得阻止另一半偷走你的香水，因為Diorella就和Eau Sauvage一樣，男女皆宜。）

Dior
Diorissimo

35

香氛家族：花香
發行年分：1955
創作者：Edmond Roudnitska

Diorissimo絕對稱得上最偉大的香水之一，絕不誇張，一旦「禁令」通過，將和印度虎一樣瀕臨絕種。國際香水協會（IFRA）不斷試圖禁止使用合成的鈴蘭成分，這正是一打開瓶蓋便撲面而來的香氣。在此之前我們只能盡可能享受這款香水，純淨甜美且嫩綠的鈴蘭香氣，據說還以依蘭依蘭、茉莉、檀香、花梨木及麝貓香加強整體結構。說實在的，在Diorissimo中，除了鈴蘭，我沒有特別感受到其他香調，除非閉上眼努力尋找。據說，Diorissimo的創作者艾德蒙·路尼茲卡試圖讓香水變得更簡約，Diorissimo就是美妙的成果。清爽閃亮又輕巧，同時濃郁強烈，淡香水版本亦然。（若能入手香精版本，就讓你的感官陶醉沉浸其中吧。）Diorissimo現在隸屬「迪奧先生的創作」（Les Créations de Monsieur Dior）系列，若有機會，一定要到Dior專櫃見見本尊。

36 Dior J'adore

香氛家族：花香
發行年分：1999
創作者：Calice Beeker

身穿金色長禮服的女星莎莉．塞隆（Charlize Theron）走過凡爾賽的鏡廳，J'adore的廣告堪稱史上最美的香水廣告之一。不僅如此，它還是當代最暢銷的香水。蜜桃般甜美可人的花香調，就和廣告中的金髮美女一樣耀眼無瑕。一時之間，市面上因著這明朗清新花香調，所衍生出的其他香水少說也有五百款，這在香水世界中是常見的事。一旦暢銷香水開創潮流，就馬上會被重新演繹無數次。J'adore的前味是濃重果香，香甜的蜜桃、橘子還有杏桃，全都是多汁的夏日水果。接著花香調一躍而入，有如少女抱著滿懷花朵，茉莉、玫瑰、蘭花（以及少許洋李）。果香的主軸一直持續到後味，但稍帶黑莓（blackberry）的酸香，兼有麝香與香莢蘭。在肌膚上停留許久，迷人又陽光，綴滿金環的細長瓶頸，更使包裝本身成為經典。

37 Dior Miss Dior

香氛家族：柑苔
發行年分：1947
創作者：Paul Vacher、Jean Carles

1947年2月12號，克里斯汀．迪奧發表前所未見的「New Look」，數呎布料製成的寬大裙襬、收窄的腰線、裸露的肩膀，一夜之間就讓全世界女人的衣櫥過時了。不久後，他發表了Miss Dior香水，全世界的女人為此心醉神迷，好像她們也擁有了Dior大圓裙。原版的Miss Dior現在不太流行，不過我衷心希望能讓更多人認識（並愛上）這款香水。它有老式香水的特色，例如大量勞丹脂般的綠色調將幽深的變化帶入嬌美的玫瑰、茉莉、苦橙花、水仙、康乃馨和鈴蘭，花香則會在肌膚上留下柔和粉嫩的中味，底下隱隱透出經典柑苔調後味，包括橡木苔、廣藿香和勞丹脂，少許皮包般的皮革香，還有一些岩蘭草、檀香以及龍涎香營造圓潤的木質香。事隔多年重新嗅聞後，我才了解到Miss Dior一如以往地雅致洗鍊又充滿女人味，重新吹起全球旋風的確實至名歸。

38 Dior Poison（毒藥）

香氛家族：花香
發行年分：1985
創作者：Edouard Flechier

1985年Poison剛發行時，初次聞到它的感覺有如五雷轟頂。那時我身在倫敦的跑馬場賭場（Hippodrome），香水大老摩里斯．侯傑（Maurice Roger）在那舉辦了一場芭蕾表演慶祝香水問世，而與會賓客的（驚人）伴手禮則是浸滿Poison香水的手絹，外加深紫色、名為「禁果」的瓶子。即使在大墊肩以及濃烈香水當道的年代，Poison仍是枚嗅覺震撼彈，高濃度薄荷醇般的晚香玉、莓果前味、濃郁花香中味，後味則超級性感，包括大量岩蘭草、麝香、香莢蘭和檀香。持久力極佳，可能連洗完澡後都還殘留香氣。Poison是Dior推出的第一款名字中沒有品牌字樣的香水，並延伸出許多同系列香氛，包括暢銷的Hynoptic Poison，經典得足以吸引Poison迷，但又有足夠新意使對原版興趣缺缺的人躍躍欲試。Poison「毒性」極強，絕對不會令你消融在人海中，即使不愛濃烈香水，還是值得認識這款至今魅力不衰的里程碑產品。

39 DKNY
Be Delicious
（青蘋果）

香氛家族：花香
發行年分：2004
創作者：Maurice Roucel

撇開一切不談，光是瓶身就令人不得
不愛上，完美可愛的蘋果，輕壓銀色
噴頭，極具代表性的花果調香味一湧
而出。「蘋果」也意指紐約，也就是
DKNY中「NY」的由來。花果調香
水產品後浪推前浪，然而人人都想要
一瓶Be Delicious。或許是因為這絕
不只是單純的蘋果調香水，即使名字
和瓶身都令人聯想到蘋果。比起蘋果
香，它的前味反而更接近涼爽的小
黃瓜，接著才是滾落的整籃蘋果，
官方說法為「金冠蘋果」（Golden
Delicious），伴隨著甜美的蘋果花
香。纖細清雅的鈴蘭、木蘭花、紫羅
蘭、玫瑰和晚香玉平衡了稍縱即逝的
清爽青蘋果調，並增添柔和感，白琥
珀和木質後味也無損其薄透清澄。Be
Delicious適合年輕的香水愛好者，她
們都為可人但不失清爽的花果香傾心
不已，常忍不住就買下系列中的所有
香水。

40 Dolce & Gabbana
Light Blue（淺藍）

香氛家族：花香
發行年分：2001
創作者：Olivier Cresp

這款香水既帶來好心情，又平易近人，一定要試試！每年都有一千一百支新香
水問世，但奧利維耶‧克列斯普（Olivier Cresp）的這款創作長踞全球暢銷榜
可一點也不意外。Light Blue就像穿上最心愛的牛仔褲，既好看又舒服。但如
果這款香水是布料，也絕不是丹寧布，而會是某種輕盈飄逸的材質，好比烏干
紗或薄紗。開頭的空氣感猶如敞開的窗戶吹進的風，夾雜脆爽的史密斯青蘋果
（Granny Smith）、西西里檸檬，還有隱約的藍風鈴草（bluebell）（我猜還有乙
醛）。香水的中味沒有茉莉和玫瑰，就不叫香水了，不過在Light Blue中存在微
乎其微。即使後味由雪松、琥珀與麝香組成，味道卻不會過於深沉，其中以琥
珀最明顯，並在一段時間後轉為些許木質調。總的來說，Light Blue成功使薄透
明亮的清新感持續到你下一次噴灑香水的時候，這款香水絕對令你難以抗拒。

41 Editions de Parfums Frederic Malle **Carnal Flower**
（慾望之花）

香氛家族：花香
發行年分：2005
創作者：Dominique Ropion

晚香玉讓人非愛即厭，香氣可能會引發頭痛，甚至帶點燒輪胎的氣味。但對晚香玉愛好者來說，Frederic Malle的Carnal Flower絕對是無上珍品。Carnal Flower以市面上晚香玉濃度最高的香水聞名，其他香調則安分守己，稱職地烘托晚香玉。起初是充滿綠意的清新感，閃爍著哈密瓜與香柑的水果調。尤加利使綠色香調幾乎帶有樟腦氣息，然後晚香玉在中味正式到來，並向茉莉激舞。不過晚香玉才是華爾滋的帶舞者，而且舞步輕盈。晚香玉若用得不恰當，容易導致頭昏腦脹，此處的表現對這類濃郁香調來說實屬少見。熱帶風情的椰子則是令人意想不到的香調，增添溫潤的可口氣息，為溫柔包覆的麝香後味鋪路。在印度，人們常警告年輕女孩，不可在日落後吸入晚香玉的催情香氣，以免捲入麻煩。不過晚香玉愛好者可能會刻意使用Carnal Flower，期待被「麻煩」找上。

42 Editions de Parfums Frederic Malle **Musc Ravageur**

香氛家族：東方
發行年分：2000
創作者：Maurice Roucel

斐德烈‧瑪爾賦予一些世界上最傑出的調香師全權自由，完全沒有常見的市場限制，讓他們創造夢想中的香水，這個策略解放了調香師如海嘯般的創造力，包括莫里斯‧胡塞，也就是這場官能饗宴背後的人物。這款香水的麝香當然是主角，打從前味開始就是，不過在這款花香東方調香水中，其他香調也彼此搭配得天衣無縫。動物香調元素、琥珀、辛香的肉桂與丁香、檀香與香莢蘭，還有帶有香莢蘭氣息的零陵香豆。聽起來好像甜膩得令人頭疼，其實不然，薰衣草和香柑令有如藝術品的香水明亮輕快卻不搶戲，香柑完全沒有柑橘調常有的衝鼻感。（事實上，雖然分別寫了前中後味，不過在噴出的時候就能一次感受。）聞到這款香水時，「溫潤」一詞躍入我腦海：溫柔圓滑且深具吸引力，有點像香水中的爵士舞廳。Musc Ravageur隨和不挑人，而且驚喜地男女皆適用，它有不少男性愛用者呢！

43 Elie Saab **Le Parfum**

香氛家族：花香
發行年分：2011
創作者：Francis Kurkdjian

橙花和蜂蜜如細雨落下。這就是揭開這款現代經典香水瓶蓋時的印象。生於黎巴嫩貝魯特的服裝設計師艾利‧薩博（Elie Saab）以優雅華美的紅地毯禮服占有一席之地，Le Parfum相形之下也不遜色，幫他站穩香水版圖，這是他的第一款品牌香水，甫推出即暢銷全球，並贏得數項香水界奧斯卡FiFi的獎項。大量花香容易過於豐厚濃重，Le Parfum卻好比裝在瓶中的金色陽光，燦爛清新，還有大量乙醇帶來的明亮感。待苦橙花散去，其他花香逐漸浮現，像是盛開在貝魯特的梔子花與茉莉，還有少許玫瑰：法蘭西斯‧庫克吉安優美地捕捉薩博的地中海回憶，將之裝入寶石般多切面的瓶子裡。後味中的麝香微乎其微，些許廣藿香與雪松，以最清淡之姿為這款香水注入人間氣息，不過是貞潔而非肉慾的。Elie Saab Le Parfum的官方文宣下了完美註腳：「有如一首讚頌光明的詩篇。」不過這首「詩篇」也適合辦公室使用——清透，不過於甜膩惱人。也是理想的新娘香水。

44 Escentric Molecules
Molecule 01（分子01）

香氛家族：木質
發行年分：2006
創作者：Geza Schoen

這是一款無法以常理視之的香水。德國調香師格薩‧赦恩（Geza Schoen）的 Molecule 01不僅對香水愛好者，更對整個產業開了一個大玩笑。有些人甚至聞不出所以然，因為他們的嗅覺無法接收Molecule 01的單一成分：一種稱為「iso e super」的合成原料。其他人則是無法馬上「感受」到氣味：嚴格來說 iso e super屬於「後」味，需要些許時間才能在肌膚上舒展開。格薩‧赦恩選擇這個香調，因為據說它會與人體產生化學變化，創造出類似費洛蒙的效果。Molecule 01絕對是我們遇過的香水中喜好最兩極的，有些愛用者感受到溫和的泥土木質（尤其是檀木）氣息，加上仙女嘆息般的香葑蘭，同時帶有冰涼的金屬尖銳感。Basenote和Fragrantica網站上似乎有一半的使用者也聞到這些氣味，並感受到久久不散的持續性。另一半則不然，而且他們認為這頂多是有顏色的水，還有一些人將它用來為其他香水「打底」，以期增強性感魅力（而且似乎奏效）。到底是不是國王的新衣？試了才知道。

45 Estée Lauder
Knowing
（盡在不言中）

香氛家族：柑苔
發行年分：1988
創作者：Jean Kerleo

柑苔調香水被認為是最「洗鍊」的香水。很少人會以柑苔調做為入門香水，它就像從新手的甜美香水畢業後，逐漸轉型成大人的漆皮高跟鞋和單肩手提包。Knowing非常穩重優雅，這款玫瑰柑苔調香水於1988年推出，正好在極簡主義的潮流捲向香水專櫃之前。或許Knowing看起來像是對八〇年代的回顧，不過其實是以二〇和三〇年代的老式傳統香水為發想，豐腴濃烈，以玫瑰為主軸揉合洋李、橙花、茉莉、晚香玉與金合歡。試著想像兩打最頂級的紅玫瑰，底下鋪滿青苔，一大把岩蘭草，些微甜美的琥珀增加溫柔感，廣藿香則帶來活潑感。Knowing背後的法國調香師尚‧凱里奧（Jean Kerleo）後來成為法國最受推崇的調香師，被 Jean Patou簽下，並協助成立法國的 Osmothèque香水博物館。這款香水使用少許即可，別上醒目大膽的胸針完成裝扮，踏出家門前噴灑，我們打賭 Knowing一定會讓你走路更有風。

46 Estée Lauder
White Linen
（純淨如風）

香氛家族：花香
發行年分：1978
創作者：Sophia Grojsman

White Linen名副其實地潔淨清新。如果你心目中的天堂，是在燙衣板上把衣物熨得平整服貼，同時鼻腔充滿芬芳的蒸汽，或者你瘋狂喜愛在微風中晾乾的床單氣味，又或者你喜歡窗戶大大敞開，迎入每一縷流動的空氣，那麼一定會愛上White Linen的戶外氣息。這款香水的創作者是有史以來最偉大的女性調香師之一，蘇菲亞·葛洛耶絲曼（Sophia Grojsman）。起初是如上漿後衣物的乙醛，是這款香水的特色，同時還有柑橘精油和少量桃子香氣。不過中味卻是輕柔的白色花香調，明顯可辨的鈴蘭氣息、茉莉、鳶尾花和依蘭依蘭，並加上玫瑰，朦朧地交疊融合。這款純淨完美的香水反映出美國人酷愛「潔淨」事物，而且絕對是浪漫多過性感。後味依稀可聞到雪松、琥珀、蜂蜜、零陵香豆、安息香和（據說含有）麝貓香。最適合筆挺白襯衫的日子，而不是煙霧繚繞的夜店。

47 Estée Lauder
Youth Dew
（青春之露）

香氛家族：東方
發行年分：1953
創作者：Josephine Catapano

每個人都該試試Youth Dew，這是一款改變現代香氛產業路線的香水。在這款具代表性的東方調香水問世之前，女人不會為自己購買香水，而是靜待生日和聖誕節的到來。Estée Lauder巧妙地將Youth Dew以沐浴油形式發售，如此一來女性就不會因為稍微挪用家用預算而有罪惡感。購買兼具肌膚芳香功能的沐浴油是可以被接受的，因為很有女人味，也非常鄰家女孩。我們認識許多人不敢使用Youth Dew，原因就是他們知道其氣味非常強烈。沒錯，Youth Dew極具異國風情，有如辛香料漩渦（肉桂、丁香），還有豐腴的花香（依蘭依蘭、玫瑰、茉莉）。這款香水一點也不小家碧玉，這些基調從一開始便乘著乙醛之浪高調喧嚷地降臨，若說香奈兒女士滿足於乙醛，蘭黛女士可是有過之而無不及呢。在肌膚上逐漸顯露香氣的Youth Dew非常出色，還有幾乎令人著迷、柔軟溫暖的琥珀氣息，美妙地纏綿到永遠。

48 Etat Libre d'Orange
Jasmine & Cigarette
（煙香茉莉）

香氛家族：木質
發行年分：2006
創作者：Antoine Maisondieu

這是一款極具Chanel No. 5風格的典雅洗鍊花香調香水，不過巧妙地以菸草打破茉莉的甜美，增加深度與溫暖。別害怕，即便是世界上最討厭香煙味道的人，也會愛上這款香水的。香水中的菸草非但沒有陳舊煙灰缸的氣味，反而帶蜂蜜香氣。香水的名字可能令人聯想到頹廢的夜店，但Jasmine & Cigarette的中味閃亮青翠、充滿生機盎然的夏日氣息，一點也不濃烈令人頭暈。雖然含有茉莉，但只有寥寥數枝，而非蔓生爬滿整面牆，因此無疑是款露台午餐派對的香水，而非夜間派對伙伴。小眾香水品牌Etat Libre d'Orange的香水打破不少常規（而且以小眾品牌來說價格相對合理），其中我最喜愛的就是Jasmine & Cigarette和Fat Electrician。尾香延續了有如曬過太陽的溫暖氣味，零陵香豆和麝香增添甜美柔和感，而且如果鼻子夠靈敏，或許還能嗅到一絲乾草氣息，就像把鼻子埋入乾草堆中。好玩吧！

49 Giorgio Beverly Hills
Giorgio Beverly Hills
（同名香水）

香氛家族：花香
發行年分：1981
創作者：M.L. Quince、Francis Gamail、Henry Cuttle

不管從哪方面來說，它都是香水產業中的里程碑。Giorgio Beverley Hills首度在Vogue等印刷精美的雜誌中夾入試香折頁，藉此將這款香水介紹給香水愛好者們。這招奏效了，它幾乎一夜之間席捲香水世界，成為超級暢銷香水。但不久後，它引發了極大爭議，由於氣味過於濃烈，甚至在某些餐廳和辦公場合遭禁。不過如果用量極輕薄，我們認為它其實懷舊高雅優美又極有女人味。起初是一陣橙花和香柑，接著湧入大量綜合白色花朵。想像晚香玉、玫瑰、蘭花、梔子花、茉莉組成的一束花，數量大概是奧斯卡金像獎典禮隔天一早，製片公司會快遞給得主的那樣多，旁邊可能還有一大籃甜熟的桃子。陽光般明燦的中味持續許久，相較之下後味簡直素雅的不得了，檀香、香莢蘭、琥珀、廣藿香、橡木苔、雪松和麝香的性感小組合。這款香水裝在瓶中真是風華絕代。切記，只要擦一滴就好。

50 Guerlain
L'Heure Bleue

香氛家族：東方
發行年分：1919
創作者：Ernest Daltroff

L'Heure Bleue是一小瓶活生生的香水活化石，經歷兩次世界大戰仍倖存下來，跨過一整個世紀，只要一滴，就能重回香水歷史中最迷人的時期。當時家族第三代調香師賈克・嬌蘭沿著巴黎塞納河畔散步，注意到暮色降臨、鮮豔深藍的天空，給予他靈感創造出L'Heure Bleue。「我感受到某種強烈的東西，唯有香水才能表達。」他如此寫道。這是一款精緻奢華的香水，揉入馥郁的鳶尾花、依蘭依蘭和康乃馨，橙花的甜美和豐富官能性的檀木，低吟的動物香（麝香）、焚香，還有許多Guerlain香水特有的粉嫩甜美的香莢蘭。閃爍明亮的人工香調乙醛增添醉人的光彩。L'Heure Bleue的香蹤非常出色，縈繞在使用者四周，每個人都很難不注意到。今日這款香水名聲不若以往，常常被收在Guerlain專櫃深處。因此務必找個銷售人員把它挖出來。

52 Guerlain
Mitsouko

香氛家族：柑苔
發行年分：1919
創作者：Jacques Guerlain

偉大的芭蕾舞團經紀人迪亞吉列夫（Sergei Diaghilev）總會在抵達新的旅館時，在窗簾上噴滿這款香水，這個點子絕妙極了。因為早在有如「水果沙拉」般充滿多汁的哈密瓜、覆盆子（raspberry）和芒果香氣的香水成為調香師的創作靈感很久之前，Mitsouko就已經存在 。甜蜜香軟的桃子香氣將有史以來最出色的柑苔調香水前味籠罩在蜂蜜般的細雨中，路卡・杜林說這是他最喜愛的香水。所有柑苔家族香水的共同點就是橡木苔，可增加深度，在環繞Mitsouko中味的經典玫瑰和茉莉中，加入森林底層的神祕氣息，同時還有紫丁香，勞丹脂（另一個柑苔調的重要基石）、岩蘭草、廣藿香，若隱若現的柔和肉桂和丁香，令人想緊緊偎著嗅聞這款傑作。如果曾經非常鍾愛Mitsouko，卻覺得它變了，你的感覺沒有錯，橡木苔的禁用令意味著香水的精彩度不可同日而語。不過，技藝高超的堤耶里・瓦瑟，已竭盡心力地再度重現了Mitsouko的往昔光華。

51 Guerlain
Jicky

香氛家族：東方
發行年分：1889
創作者：Aimé Guerlain

它與艾菲爾鐵塔同一年問世，製作過程遠比其他Guerlain香水更耗時。起初較受男士喜愛，我們認識不少男性至今仍非常愛用這款香水，而且也很合宜。Jicky是當時使用最新合成香水原料——香豆素和香蘭素的先驅，並加入高濃度麝貓香。Jicky的繁複層次也打破了香水的傳統，因為以往香水較偏向「單一香調」或「單一花香調」（如單純的茉莉、玫瑰、薰衣草）。前味承載令人驚喜的檸檬香，接著是帶香莢蘭氣息的香豆素，美妙地與芬芳的薰衣草混合。如果熟悉Guerlain的香水，就會知道Jicky絕不可能是其他品牌的創作，因為充滿大量「神祕」的Guerlain獨家香調，以百里香和香草植物，還有老天才知道的原料混合而成。如果有機會務必聞聞看，甚至取得這款香水，絕對能吸引注意力 、留下深刻印象。《Perfume：The A-Z Guide》的作者路卡・杜杭稱之為「卓越的傑作」，這句話他可不是隨便說說的，我保證。

53 Guerlain Samsara

香氛家族：東方
發行年分：1989
創作者：Jean-Paul Guerlain

Samsara在「room rocker」香水年代的尾聲姍姍出場，不過其中的茉莉與檀香組合比大部分八〇年代的香水低調沉靜。當時Guerlain首度決定向外部香水公司開放徵件這款新香水的氣味設計，尚保羅・嬌蘭自己也參與了這場比稿，帶來一款為了他的英國女友而創作的香水。前味溫軟柔滑地混合印度茉莉、玫瑰、水仙和依蘭依蘭，還有香柑明亮（且稍縱即逝）地迎接你。Samsara中的主要香調是檀香，如果喜愛暗香浮動的後味，你可能會為這款香水傾倒。根據香水專家麥可・愛沃茲（Michael Edwards）透露，其中的檀香比例高達30%。在肌膚上，醇厚的零陵香豆和香莢蘭緩緩飄散，伴隨溫潤的檀香調。這是少數不含獨家香調的Guerlain香水，因此不像同品牌的其他香水般遠遠就可辨認。那麼比賽結果呢？尚保羅・嬌蘭不但贏得這場「競賽」，也贏得那位女孩的芳心。

54 Guerlain Shalimar

香氛家族：東方
發行年分：1925
創作者：Jacques Guerlain

快來見見全世界最有名、最具官能性、辨識度最高的香水。你絕對曾經走在散發Shalimar香蹤的女人後方，或經曾讓別人聞到你的Shalimar香蹤。賈克・嬌蘭深信香莢蘭是極佳催情劑，因此大量加入這款香水中。Shalimar的香柑調一眨眼就消逝無蹤，接著進入花朵怒放的中味。不過讓女人難以忘懷（並讓男人想要靠近嗅個清楚）的卻是極性感的後味──溫暖的安息香、柔軟的香莢蘭以及若隱若現的麝香。我很喜歡部落格Perfume Shrine的形容：「Shalimar的女性之美來自溫軟粉香與動物香的和諧安排，就像豐滿的乳房隨著呼吸規律起伏。」青少年最好不要使用這款香水，不過每隔幾年Guerlain便試圖為年輕族群重新創造Shalimar，但好比平價氣泡酒和頂級香檳，高下立判。如果Shalimar是香檳，那一定是頂級的水晶香檳，盡可能經常好好寵愛自己吧。

55 Guy Laroche
Fidji（斐濟）

香氛家族：花香
發行年分：1966
創作者：Josephine Catapano

Fidji開創了「新一代清新調香水」，被香水界視為Charlie（1973）、Gucci No. 1（1975），甚至Chanel No. 19（1971）以及「數百款跟隨其後的香水」的先驅。究竟是什麼令Fidji始終如此獨特？清新帶點朦朧的開場，還有大量綠色香調（有時甚至帶點苦味），包括檸檬和風信子，彼此美妙呼應，並迎接茉莉、保加利亞玫瑰、鳶尾花和依蘭依蘭的到來。據說Fidji的靈感來自Nina Ricci的L'Air du Temps（比翼雙飛），但這款香水營造出更年輕的感覺。不過如果期待充滿熱帶氣息，如堤亞蕾花或緬梔，或是南海島風情，Figji 可能會出乎你的意料。這款香水與其說是散著頭髮、草裙裸足，更像頭髮紮得乾淨俐落、身穿套裝踩著高跟鞋的感覺。綠色香調在肌膚上較不明顯，取而代之的是檀香和麝香，岩蘭草和橡木苔則增添低調的性感。推出將近五十年後，Fidji仍維持清新淡雅，同時不失性感官能，是一款面貌多端的香水，更是從辦公室轉戰晚餐約會的最佳夥伴。

56 Hermès
24 Faubourg（相遇法布街24號）

香氛家族：柑苔
發行年分：1995
創作者：Maurice Roucel

喀、喀、喀，我們幾乎可以聽見聖諾黑大道24號建築物裡那些女人的高跟鞋聲，背脊挺直、頭抬得高高的，像走台步一樣踩過典雅飯店的大理石大廳，有可能是克里雍飯店（Hotêl de Crillon）、摩里斯（Le Maurice）或是麗池（Ritz）。24 Faubourg香水就像瓶裝的巴黎，不是附庸風雅的巴士底，也不是波希米亞的蒙馬特，而是一擲千金的巴黎中心，世界上最時髦的商店一間連著一間，吸引全世界的精品愛好者。想要感受老派的法式優雅嗎？打開這瓶由高超的調香師莫里斯·胡塞操刀的大師之作就對了。先噴上香水再佩戴珍珠鑽石，假貨也無妨，若使用這款香水，沒人會懷疑你的珠寶是假的。華麗性感的茉莉、異國風情的堤亞蕾、依蘭依蘭、還有大量迷人的橙花，基本上就像七星級飯店裡擺設的巨大豪華花束。24 Faubourg的柑苔個性經過肌膚加溫一段時間後，便逐漸浮現。奢華的麝香、琥珀、檀香、廣藿香和清香的潮濕苔蘚氣息，香蹤濃厚，暗香浮動的特性保證能為你的步伐留下蹤影。

57 Hermès Calèche（驛馬車）

香氛家族：花香
發行年分：1961
創作者：Guy Robert

Calèche是藝術品，曾有人形容：「這款香水適合從容不造作的女性。」大家都希望有這樣的形象，不是嗎？1837年Hermès在巴黎開幕時，專賣馬鞍與韁具。這款香水和馬術裝很搭，和夏日洋裝也是，其實，和牛仔褲也很配。Calèche的特色就是輕鬆寫意，前味是充滿戶外氣息的清新調，不過隨著中味綻放，很快就轉為極度女性化。玫瑰、茉莉、依蘭依蘭和鈴蘭，少許絲柏的俐落地收斂─不小心就可能太過頭的粉嫩女人味，有如驅車穿過常綠森林的對比香調，使Calèche得以保持爽淨。後味乾爽不甜，乳香、岩蘭草、檀香，琥珀和麝香則使整體顯得稍微柔軟些。相較於成為眾人焦點的No. 5和Arpège（琶音），Calèche顯得深藏不露。親自聞聞，在陽光下享受這款香水，讚嘆紀·侯貝的高超手藝吧。

58 Illuminum White Gardenia Petals

香氛家族：花香
發行年分：2011
創作者：佚名

這是一個令人好奇的新品牌，旗艦店位在梅菲爾區（Mayfair），店裡設有豪華的香氛沙龍。White Gardenia Petals是品牌最引以為傲的作品，因為凱特王妃在與威廉王子的婚禮上便是使用這款香水，自此，英國皇室的狂熱者們便蜂擁而至。無論有無皇室加持，這都是一款花香馥郁的香水，中味的梔子花有如新娘捧花，之中穿插著依蘭依蘭、茉莉和鈴蘭。不過在進入中味之前，White Gardenia Patels會引領你穿過一條綠色隧道，一條清風拂面的長廊，踏向真正的主題。梔子花的氣味有時令人頭昏、窒息，甚至引發頭痛，不過此處卻表現淡雅清麗的一面。香氣持久，從婚禮一路陪伴你到典禮後的晚餐。過了一會兒，柔軟的麝香調後味逐漸透出，兼有少許琥珀木。此外，一定要造訪Illuminum旗艦店（或至少其中一家零售店），他們設計了一套「感官之旅」，能帶領你找到最適合的香水，絕對令人難忘。

59 Issey Miyake L'Eau d'Issey

香氛家族：清新
發行年分：1992
創作者：Jacques Cavallier

這是三宅一生首次推出的香水，他想創造一款不僅聞起來，看起來也像水的香水。於是L'Eau d'Issey薄透近乎透明無色的香「水」嫣然誕生，在「room rocker」年代之後，掀起一股新鮮空氣革命。「room rocker」香水總是宣告某人的到來與離去，甚至離去許久後空氣中仍彌漫清楚可辨的香氣，然而L'Eau d'Issey的前味超級清淡飄渺，蓮花、小蒼蘭、少許玫瑰水，中味則是百合、牡丹和其他白色花朵、桂花，一切都很可人。偏乾的後味在肌膚上久久不散，逐漸轉為隱約的麝香調，其中有檀香和雪松，還有「純潔」不狂野的麝香。非常溫柔女性化，是那種在面試或商務會議時不會過於強烈的香水。若你要專為這類場合準備的香水，L'Eau d'Issey是一款好選擇。值得一提的是，帶點禪風的瓶身由出色的平面設計師法比恩·巴宏設計，是一款獨當一面的經典香水。

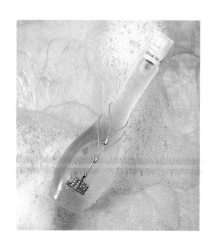

60 J. Lo Glow

香氛家族：花香
發行年分：2002
創作者：Louise Turner、Catherine Walsh

近十多年來，明星香水成為最巨大的新潮流，不過Glow是最早推出的、或許也是存活最久的一款。珍妮佛·羅培茲（Jennifer Lopez）希望她的首款香水「就像剛淋浴完後，搖身一變成為世界上最性感的人。」這款潔淨又稍微帶點花香肥皂味的香水，光是上市第一年的營業額就超過一億美元，促使明星藝人們爭相投入香水市場。不過不像其他明星香水，Glow剛推出時並不被看好，但卻意外地美妙迷人。起初會注意到柑橘和橙花的清新感，然後蛻變成真正的花香調，溫柔的玫瑰香氣和奇特（但不討人厭）的金屬調。在肌膚上一段時間後，香氣變為溫和的麝香調，令人想要親吻，持久力強但不會過度濃烈。Glow是較個人的香氛，除非靠得很近，否則不太容易察覺你身上的香氣。這款香水很討人喜歡，是非常經典的安全牌，可以送給女兒或姊妹，甚至同事，當然自用更好。

61 Jean Charles Brosseau Ombre Rose L'Original

（玫瑰之影原調）

香氛家族：花香
發行年分：1981
創作者：Françoise Caron

Ombre Rose L'Original背後有個迷人故事。法國配件設計師尚·夏爾·布洛梭（Jean Charles Brosseau）某次拜訪他的香水製造商時，被一瓶已在架上擱置多年的樣品迷惑，因為這款香水讓他想到他的阿姨們，每到星期天她們就會打扮得光鮮亮麗。這款香水絕對是粉香調，嬌豔的粉紅有如一輪光暈、綿細泡沫、一陣朦朧霧霾，完美呼應其貼身衣物般的調性。其中含多種花香調，大量玫瑰、依蘭依蘭、鈴蘭，率先入場的醛調火力全開，帶來蜂蜜桃子香氣，還有一絲馨香的天竺葵。這款香水有點太老派了，偶爾還帶肥皂氣味，但也如安哥拉兔毛般輕柔，極富女人味。它很適合做為年輕女性的第一瓶香水，和一般曇花一現的明星香水很不一樣。Ombre Rose最美的特色之一就是瓶身，最初是為了二〇年代一款名為Le Narcisse Bleu（藍色水仙）的香水所設計，也因此呈現出懷舊的氛圍。

62 Jean Patou Joy

香氛家族：花香
發行年分：1930
創作者：Henri Alméras

在經濟大蕭條的年代，推出號稱「世界上最貴的香水」，毋庸置疑地令尚·巴杜聲名大噪，他的香水Joy則成為那個時代第二暢銷的香水，緊追在Chanel No. 5之後。如今在Jean Patou的新調香師多瑪·馮恬（Thomas Fontaine）帶領之下，Joy重返榮耀應該只是遲早的事。它的香氣非常奢華，中味是大豐收的一萬零六百朵茉莉和二十八打玫瑰，以及晚香玉、依蘭依蘭和鳶尾花，以爆炸性的花香包圍使用者。不過我覺得和玫瑰相比，茉莉的香氣占了上風。Joy是款完全屬於成熟女性的香水，在優美和經典之間取得完美平衡，一點也不刺鼻。花香逐漸柔和之際，迷人的後味浮現：深沉神祕又富層次，縈繞在肌膚上直到早晨。這款香水適合雞尾酒會、歌劇院或婚禮（很可能是你自己的婚禮，因為白色花香調味可為新娘錦上添花）。再者，現今許多小眾香水價格高得令人咋舌，Joy早已不是市面上最昂貴的香水了。

63 Jean-Paul Gaultier
Classique（經典）

香氛家族：東方花香
發行年分：1993
創作者：Jacques Cavallier

尚保羅·高堤耶（Jean-Paul Gaultier）委託賈克·卡瓦烈（Jacques Cavallier）製作一款香氣令人聯想到他祖母的梳妝台的香水──滿滿的粉香，隱約透著指甲油的丙酮氣味。乍看這款香水並不令人期待，但是狂野不羈的高堤耶首度推出的香水粉香甜美又持久（就各方面來說），果然成為名副其實的「經典」。可以想見這款香水很有女人味，至今不變，而且獨樹一格。首先登場的是柳橙、黑醋栗（醋栗莓果調）、洋李和桃子。卡瓦烈使用乙酸苄酯（benzyl acetone）營造「指甲油／洋梨糖果」香調，並加入依蘭依蘭、橙花、果香玫瑰調及溫暖的薑，增添官能感。後味呢？香蘭素、些許鳶尾花，還有大量粉香木質琥珀的龍涎香醚（ambroxan），帶來溫暖柔軟、帶點麝香感的「粉餅」效果。瓶身也很搶眼，不僅向夏帕瑞麗（Schiaparelli）知名的Shocking人枱香水瓶致敬，還在瓶身蝕刻上性感馬甲。女性內衣般的粉紅液體更為這款性感得不得了的香水畫龍點睛。而且完全不老氣！

64 Jimmy Choo
Jimmy Choo（同名香水）

香氛家族：柑苔
發行年分：2011
創作者：Olivier Polge

吉米·周（Jimmy Choo）的鞋非常好搭配，無論是美腿貴婦還是太太小姐，都很實搭。香水也一樣好搭配，而且對大部分的人來說，遠比一雙手工製作、高聳入雲的細跟高跟鞋更平易近人。剛噴出時如雪酪般令人精神一振，年輕、清新、活潑，接著一眨眼就變成如裝配真皮座椅的藍寶堅尼的洗鍊感。嚴格來說，Jimmy Choo屬於柑苔調，這是許多人公認最高雅的香水類型，不過逐漸轉濃的香莢蘭，令香水的中味變成幾乎如鹽味焦糖般可口的美食調。茉莉和虎蘭（tiger orchid）的香氣可辨，但在中味裡，甜蜜的粉香元素更勝花香一籌。當這款香水經肌膚溫熱後更令人喜愛，朦朧的麝香調、一絲琥珀氣息，香莢蘭則輕巧淡入。Jimmy Choo最適合親密關係或獨自享受，靜靜地在背景發出呼嚕聲。如果這還不夠迷人，多切面穆拉諾玻璃製成手榴彈外形的瓶身（如性感內衣般的淡淡粉紅）同樣精彩絕倫。任何女人穿上Jimmy Choo都會更美，任何一張梳妝台放上新一代經典的Jimmy Choo也是。

65 Jo Malone London™ Lime, Basil & Mandarin（青檸羅勒與柑橘）

香氛家族：清新
發行年分：1991
創作者：Jo Malone

既不過甜也不過酸，單純是充滿香草氣息的羅勒和酸青檸，令人口水直流又涼爽的平衡，再加上少許略甜的橘子。成為「經典」的古龍水寥寥可數，但這款廣受好評的作品，使來自倫敦的美容師Jo Malone建造了整個香氛帝國，後來又轉賣給將香水提升到全新境界的Estée Lauder集團。這款輕鬆自在的香水無論男女都適合，乾淨清新，令人精神一振，如拂面清風。瓶中的青檸羅勒與柑橘，聞起來彷彿有清爽的氣泡熱烈升騰。Jo Malone London™香水公司主張，他們家的香水可以「混搭」，為自己創造獨一無二的氣味。不過這款香水適合單獨品味，就像在炎炎夏日啜飲一大杯冰水。由於主要是易揮發的柑橘調，因此在肌膚上停留的時間並不長，但這也是不斷補噴、感受汁液豐沛的明亮時刻的好藉口，不是嗎？

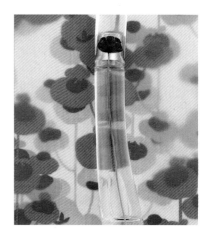

66 Kenzo Flower by Kenzo（罌粟花）

香氛家族：花香
發行年分：2000
創作者：Alberto Morillas

花香有兩種，一種是迎面襲來的濃烈花香，一種則如棉花糖般輕柔溫婉，這款香水的蓬鬆朦朧感帶點嬰兒乳液的味道，屬於第二種。Flower by Kenzo帶有性感的粉香，就像媽媽的粉餅，或是剛沐浴完、用蓬鬆的絨毛粉撲在身上拍滿爽身粉。通常玫瑰和紫羅蘭的純真溫柔感被某些一味追求流行的人認為有點太老派，不過它其實並不懷舊，反而很現代。雖然香莢蘭含量不低，還是比大部分東方花香調明亮輕盈，同時保有令人上癮的特性。愛用者將會不可自拔地嗅聞身上噴有香水的部位，在人擠人的巴黎地鐵中，在女性通勤者身上聞到這款香水的次數也真的很頻繁。白麝香、紅沒藥、來自茉莉的二氫茉莉酮酸甲酯、山楂（hawthorn），黑醋栗的氣味也很明顯。Flower by Kenzo自推出以來一直是歐洲最暢銷的香水之一，品牌也發行各種變化版本使其更受歡迎（夏季版、辛辣版），不過經典款一直是我的最愛。

67 La Perla
La Perla（同名香水）

香氛家族：柑苔
發行年分：1987
創作者：Pierre Wargnye

柑苔調愛好者，應該都會愛上這款圓潤豐盈、洗鍊得近乎完美的香水。La Perla是很經典的柑苔調香水，與Mitsouko、Paloma Picasso和Sisley的Eau du Soir地位類似。當內衣品牌推出香水時，可以想見一定是性感誘人的，而La Perla確實做到了。十年後，Agent Provocateur和Victoria's Secret也紛紛推出了自家香水。柑苔調中的香柑、玫瑰、勞丹脂、廣藿香和橡木苔達到精緻的平衡，籠罩在蜂蜜香氣的溫柔細雨中。隨著時間過去，La Perla的木質香調逐漸變得明顯、檀香、岩蘭草、廣藿香，還有少許焚香。雖然香氣在肌膚上停留許久，不會像某些經典柑苔香水一樣，過度強烈有侵略性，因此這款香水非常適合做為高雅洗鍊的柑苔香水家族的入門，性感約會使用再適合不過。（同時請務必拋開破舊內衣，換上最性感的戰鬥服。）

68 Lancôme
Trésor

香氛家族：花香
發行年分：1990
創作者：Sophia Grojsman

九〇年代對香水來說，是「低調」的年代，然而Trésor卻是款令人重溫八〇年代的「room rockers」型香水。香氣朦朧的瓊漿，滿載杏桃和桃子、大把浪漫帶果香的白色玫瑰、鳶尾花，還有帶香莢蘭氣息的天芥菜。調香師蘇菲亞·葛洛耶絲曼（Sophia Grojsman）是令人口水直流的花香果香混合的先驅，開創的潮流延續至今。由於極具代表性，《紐約時報》的前香水評論家錢德勒·布爾在紐約藝術和設計博物館策劃「Art of Scent」展覽時，選擇Trésor做為關鍵元素，使參觀者有機會聞到這款香水在開發中每個階段的氣味，最後終於成為廣受好評的作品。蘇菲亞將Trésor中味的香調香氛和弦稱為「乳溝」，因為它聞起來就像年輕女性的頸胸。其中幽幽散發檀香、麝香和香莢蘭，賦予香水持久力和若隱若現的性感。如果你喜歡口紅的氣味，或是「媽媽手提包」般的粉餅香氣，並希望香水盡可能有女人味，那麼Trésor是絕不出錯的選擇。

69 Lanvin
Arpège

香氛家族：花香
發行年分：1927
創作者：André Fraysse

香水好比音樂，以單音或和弦組成。Arpège將香水的音樂性發揮到極致，香調有節奏且鮮明的一個接一個獨立表現。它是「設計師」香水的先驅，珍·浪凡將它獻給音樂家女兒，並將之命名為Arpège，意即「琶音」。如果它是樂曲，可能是莫札特的協奏曲。但Argège聞起來到底如何？令人如痴如醉，黑色絲絨洋裝般性感，高雅精緻。開頭香檳般的細緻汽泡，輕柔地轉為充滿柑橘香氣的香柑，接著是柔美橙花，從玫瑰到鳶尾花，再從茉莉到依蘭依蘭，美妙迭起的白花香調，到了後味逐漸沉靜下來，而檀香、岩蘭草、香莢蘭、麝香和廣藿香在肌膚上繼續低聲哼唱數小時。嚴格來說，最原始Arpège現在應該聞不到了，1993年，雨貝·費列斯（Hubert Fraysse，原作者的後代）重新「編曲」，不過前提當然是盡量尊重經典原作。

70 L'Artisan Parfumeur
Mûre et Musc（麝香黑莓）

香氛家族：花香
發行年分：1978
創作者：Jean-Françoise Laporte

過去一、二十年中，水果沙拉般的果香調成為香水界的流行，不過在這款香水發行的時代，L'Artisan Parfumeur的幕後推手尚馮索·拉波特（Jean-Françoise Laporte）在品牌早期的「明星產品」中揉入酸香多汁的黑莓，算是大膽之舉。誰能想到，紫黑色的甜蜜滋味灑落在撩人性感、屬於動物香調的麝香上，竟搭配得如此精彩？部落格Bois de Jasmin巧妙地描述，這款香水的巧思好比在料理中結合羅勒和番茄，簡直是神來之筆。開頭是一縷最輕柔的微風，醒神的醛預告Mûre et Musc的莓果大豐收，橙花輕巧地加入點綴。不像近年來成為主流的果香大雜燴香水，它保留了清新翠綠感，不會過於甜膩。雖然散發香莢蘭氣息，在肌膚上維持數小時的酸香清爽也令我們喜愛不已，有如噴濺在白T恤上的黑莓汁液般久久不消散。如果正打算初次嘗試Mûre et Musc，務必試試卡琳·杜布爾創作的「Extrème」版本。

71 Liz Earle
Botanical Essence No. 15

香氛家族：東方
發行年分：2012
創作者：Alienor Massenet

傳統上東方香調總是性感過頭，令人頭暈，只適合搭配絲絨或綢緞（或一絲不掛）。這款香水是「輕盈東方調」，不是「快點撲倒我」的性感，而是靜靜依偎著，還有可人的朦朧感。這是大受歡迎的保養品牌Liz Earle推出的第二款香水，Botanical Essence No. 1是我非常喜愛的清新調香水，幾乎沒有女性不愛它，No. 15要更複雜些，混合15種植物原料（因此得名），而且近乎純天然。粉紅胡椒和香柑是這款「清新東方調」中的清新前味元素，如果仔細品味香氣，或許還會在中味發現少許玫瑰。不過No. 15主要是辛香料與木質調的漩渦，癒創木、丁香、檀香、雪松和廣藿香。零陵香豆、安息香和波本香莢蘭注入香甜感，同時又不膩人。或許在香調上有點「頭輕腳重」，不過持久力令人驚喜，即使隔天在肌膚上還是能依稀聞到香氣，光這點就更讓人喜愛了。

72 L'Occitane en Provence La Collection de Grasse Magnolia & Mûre
（格拉斯系列木蘭花＆黑莓）

香氛家族：東方
發行年分：2013
創作者：Olivier Baussan

幾乎所有人都先以沐浴美體產品來認識L'Occitane，之後由於蠟菊抗老系列在全世界大受歡迎，它又變成了保養品牌。當L'Occitane踏入高級香水領域，甚至指定格拉斯出身的卡琳·杜布爾做為專屬調香師，更加顯示他們如何嚴肅看到這個全新挑戰。格拉斯系列以四款迷人香水作為開端（三款女用香水，一款中性香水），又以這款酸香的黑莓香水最為出色。前味的莓果中帶點青檸，突顯木蘭花的甜美，還有大量玫瑰。如果有幸在春天將鼻子湊近木蘭花，你會發現有些品種帶有莓果香氣，因此這組搭配非常完美。即使尾香偏木質調，帶大量廣藿香，這款香水從頭到尾仍保持輕盈，令人愉悅，最適合晴朗的日子使用，或為陰沉的天空帶來陽光。

73 Lolita Lempicka Lolita Lempicka（同名香水）

香氛家族：美食
發行年分：1997
創作者：Annick Menardo

這是甘草糖的味道嗎？令Lolita Lempicka在美食調香水中與眾不同的原因之一，就是這股淡淡鹹味。香水評論家與分子生物學家路卡·杜杭形容這款香水是「香草植物版的Angel」，Lolita也確實跟隨Angel的腳步，大膽踏入甜點世界，糖漬櫻桃、焦糖、棉花糖，同時也帶有清新感，一點也不會過度甜膩。這款香水聞起來像鹽味焦糖，鹽味強化了甜蜜感，反之亦然。一如Angel，Lolita Lempicka的後味含有不少深沉的廣藿香，還有大量香莢蘭（以及少許零陵香豆、麝香和岩蘭草）。不過在穿過深色絲絨簾幕抵達重點前，甘草糖調以及相去不遠的大茴香（anise）和常春藤葉平衡了酒漬酸櫻桃和焦糖杏仁的食物香調。紫羅蘭的綠色花香調也注入輕盈感。此外香水瓶很討喜，不過為什麼是金色蓋子和深紫色的蘋果造型呢？這瓶香水可是一絲蘋果氣息都沒有呢。

74 Lorenzo Villoresi
Piper Negrum
（黑胡椒）

香氛家族：東方
發行年分：1999
創作者：Lorenzo Villoresi

羅倫佐・維洛雷席這位義大利獨立調香師（見97頁）以香草植物和辛香料，在Piper Negrum中編織了一張織錦掛毯。除了黑胡椒，還有牛至（oregano）、馬郁蘭（marjoram）、肉荳蔻、迷迭香、野生大茴香、蒔蘿（dill）和茴香（fennel）——有點像打開香料櫥櫃，深吸一口薄荷味與綠色香草植物的涼爽氣息。有位愛用者形容，Piper Negrum奇特地「既溫暖又冰涼」，這點使香水更有意思了。因為當Piper Negrum在肌膚上逐漸散發，會變成某種類似熱水袋的香水，溫暖、辛辣、緊緊包裹（因此比起炎熱夏日，更適合寒冷的夜晚）。當香水在肌膚上轉入濃郁的後味時，會變得更加吸引人，而且極端性感，琥珀、蘇合香脂（styrax）、安息香、沒藥、大西洋雪松（atlas cedarwood），並撒下更多辛香料。女人用風情萬種，男人用性感十足。我們敢說情侶一定會為這款不尋常的迷人香水大打出手。

75 Maison Francis Kurkdjian
Oud（木黴之香）

香氛家族：木質
發行年分：2012
創作者：Francis Kurkdjian

來自阿拉伯的沉香讓人非愛即恨，不過無論你喜不喜歡這種提煉自某種腐爛木頭的原料，這款香水還是值得一試。法蘭西斯・庫克吉安是才華出眾的調香師，創作多款全球暢銷香水包括Jean-Paul Gaultier的Le Male，以及Narciso Rodriguez的for Her，同時也擁有自己的香水品牌（見89頁）。其實在這款香水中，幾乎感覺不到沉香，因此不喜歡沉香也許也有機會愛上它。Oud溫柔甜美，富層次又實用，完全不會過度濃烈奪人，與其說木質調，食物香氣使它更像美食調香水。法蘭西斯以少許番紅花增加刺激感，而且雖然成分清單上沒有提到花香，中味卻像玫瑰的溫柔愛撫，持續數小時之久。後味沒有廣為人知帶動物香調和汗味的阿拉伯木質，而是檀香和雪松，還有少許廣藿香。近年來沉香變成香水界的主流之一，而Oud可說是表現沉香最精彩的產品。

76 Maison Martin Margiela Untitled

香氛家族：木質
發行年分：2010
創作者：Daniela Roche-Andrier

如小黃瓜清涼，如潔淨的純麻床單乾
爽，如落在被太陽曬燙的肌膚上的
冰塊沁心。這種香水似乎擁有「溫
度」，令人感到驚喜。這款理想的夏
日香氛絕對是涼爽派的，而且，這款
香水也有「顏色」——盡是綠色調。
閉上眼睛深吸一口，就能聞到苔蘚與
布枯（buchu，黑醋栗的近親）的中
味，馬上身處林蔭間，躺在微潮的草
地上，望向綠色穹頂。以前衛風格聞
名的比利時設計師，為香水世界帶來
驚喜，並大受歡迎。前味是汁液四濺
的葡萄柚和橘子，搭配大量橙花。
接著是捲葉薄荷（curly mint），不
過不會令人聯想到牙膏，反而是不帶
甜味的香草植物氣息。綠色香調就是
在此時躍入，召喚你深入它的葉綠素
中味。然後香氣變得極夢幻輕柔，
並持續下去。這款香水就和Martin
Margiela的服裝一樣，適合態度自在
從容的她（或他，我很期待在男性身
上聞到這款香水呢！）

77 Marc Jacobs Daisy

香氛家族：花香
發行年分：2007
創作者：Alberto Morillas

這款香水奠定了Marc Jacobs在香水界的地位。當然，買不起設計師包款或外套
的話，香水一向是可負擔的替代方案。Marc Jacobs的香水非常精彩，不僅超級
暢銷，其可人清透的實用香水產品，更令香水評論家讚不絕口。Daisy的前味
有如葡萄柚和野草莓的汁液，不過帶著剔透的水感，就像烏干紗或雪紡一樣薄
透。紫羅蘭葉帶來小黃瓜的青鮮，同時漸漸轉入花香調中味：茉莉、梔子花、
紫羅蘭，甜美但素雅。陽光歡欣的白花調用量極少，後味則同樣隱約低調。如
果想要在陰霾天打起精神，Daisy絕對可以勝任這份工作。青春活潑的特質，適
合做為禮物送給任何想要體會香水樂趣的人，而且我認識不少「年紀不小」的
女人也非常喜愛Daisy！瓶身乙烯基白色小雛菊瓶蓋令它不僅在肌膚上可愛，在
梳妝台上一樣可人。

78 Marni
Marni（同名香水）

香氛家族：木質
發行年分：2012
創作者：Daniela Roche-Andrier

Marni首度發行香水時，時尚狂熱者皆坐立難安地等待。來自義大利，色彩繽紛，時髦但不循規蹈矩，Marni在時尚界我行我素、獨樹一格。沒人預料到這款香水竟然在全球廣受好評，卻沒有引起太多注意，只有部落客和美妝編輯著迷不已。先來談談吸引目光的可愛瓶子吧，厚重的玻璃瓶佈滿Marni風格的蝕刻圓點，瓶蓋是俏皮的大紅色。至於香水，Marni找上才華橫溢的調香師丹妮艾拉·侯雪－安德利耶（Daniela Roche-Andrier），她曾為Martin Margiela的Untitled與Prada的Candy操刀，Marni的精彩程度也不遑多讓。香柑和兩種胡椒（粉紅胡椒與黑胡椒）、出人意表的薑，以及少許肉桂棒和小荳蔻的辛香，揉合出純粹的明亮甜美。Marni的中味是滿滿的玫瑰花香，但真正令人醉心的是後味，飄散著極淡的焚香，在肌膚上留下纏綿的辛辣粉香。Marni是一款全年皆適合的香氛，對炎炎夏日而言夠輕盈，對冷天來說又溫暖得剛剛好，而且即使有玫瑰香調卻不會太過女孩氣，完全符合Marni設計師卡洛琳娜·卡斯堤里歐妮（Carolina Castiglioni）的要求：「少許女人味，偏男性化的香水」。我常說，「嘗試、認識、享受」，就是與新奇香水接觸的最佳心態。

79 Mary Greenwell
Plum

香氛家族：柑苔
發行年分：2013
創作者：François Robert

瑪麗·格林薇爾曾在許多超級名模的臉上揮灑彩妝，這款香水是她的香氛處女作。剛發售時，我如此形容：「甘迺迪的財富、愛因斯坦的熱情、女神卡卡的大膽」，如今Plum除了成為全世界公認的傑作，一切沒有太多改變。法蘭索瓦·侯貝家學淵源，是家族第四代調香師（他的父親創作了Madame Rochas和Dioressence，祖父亨利任職於Chanel的時候曾負責No. 19和Cristalle）。前味是多汁的果香但不過分甜膩，包括名符其實的洋李、少許貝里尼（Bellini）調酒風味的桃子、經典柑橘調及黑醋栗。接下來的中味就像懶人毯一樣包裹著你，梔子花、玫瑰、茉莉與橙花原精，還有充滿異國風情、隱約的晚香玉。中味餘韻不絕，不過後味逐漸性感地登場，柑苔調的特色經典橡木苔，以及廣藿香、琥珀和白麝香。整體的香調混合搭配極度細緻高雅，而且持久度也不容小覷，一個巨星就此誕生！

80 Miller Harris
Figue Amère（無花果）

香氛家族：花香
發行年分：2002
創作者：Lyn Harris

幾年前曾有一陣無花果風潮，不過這款來自英國調香師琳‧哈瑞絲的作品，超越流行，成為真正的中性香水經典。迷人的綠色調香氛，幾乎帶點苦味，是受不了甜到膩死人的美食調的最佳解藥。這款香水中的無花果味並不明顯，前味是清爽迷人的柑橘調（橘子和香柑）。無花果葉的苦因為水仙和玫瑰變得柔和，不過調香師又加入了另一種「綠色」武器強調其風采——紫羅蘭葉，此外還有勞丹脂，取自生長在地中海的植物「岩薔薇」，和無花果一樣，即使在貧瘠乾燥的環境也能生長繁茂。後味則有少許琥珀香氣、雪松，還有隱約的青苔。不過Figue Amère也吹拂著一縷帶鹹味的微風，經過一段時間慢慢靜下來，轉而變得纖柔和煦。如果香水能捕捉「慵懶的午後」並裝入瓶子裡，大概就是如此。享受這款香水最理想的場合，就是在面對一片海景的露台上來杯沁涼的粉紅酒，或是任何需要陽光的時候噴上它，聊以慰藉乏味的日子。

81 Narciso Rodriguez
Essence（純粹）

香氛家族：花香
發行年分：2009
創作者：Alberto Morillas

Essence厚實的「水銀玻璃」瓶身是近年來我們最喜愛的香水瓶之一，這是Narciso Rodriguez推出的第二款香水，和第一款一樣女人味十足。Now Smell This部落格的描述很貼切：「滾燙的熨斗正在熨燙一件久存於衣櫥的麻質洋裝，蒸出乾燥花香包的氣息。」該網站對這款香水的評價不高，不過我認為Essence非常迷人，而且很適合週末的戶外活動，或是在辦公室使用的低調香氛，甚至面試的時候來點香氣提振士氣，又不會嗆死你未來的僱主，讓他將注意力放在你的聰明才智上。它不是招搖的香水，圓融的鳶尾花和玫瑰（還有許多白色花朵），以醛調錦上添花。Essence的確有一瞬間帶點香襯紙的氣味，不過香氣逐漸留下尾香後變得更有意思，溫柔性感的麝香和琥珀漸漸飄散，然後逐漸沉靜下來，有如從皮膚透出的隱約香氣，只有距離極親密的人才能察覺。如果希望麝香是清透粉香的風格，而非較濃郁深沉，那麼絕對要試試Essence。

82 Nina Ricci
L'Air du Temps

香氛家族：花香
發行年分：1948
創作者：Francis Fabron

這款香水誕生於第二次世界大戰的戰後時期，瓶蓋上的飛鳥象徵和平的白鴿，而氣味就像一大捧鮮花，再加上浪漫愛情故事。妮娜·瑞琪是剛從德軍占領下解放不久的巴黎傳奇服裝設計師之一，她的兒子與調香師法蘭西斯·法布隆（Francis Fabron）合作，是發行這款香水的幕後推手。L'Air du Temps僅使用30種原料，開頭清新有勁，旋即轉為柔和的招牌粉香氣息，大量鳶尾花、梔子花及茉莉。隱約的多汁蜜桃香、檀香、琥珀，隨著時間過去，一絲難以察覺的岩蘭草逐漸浮現。原版的Lalique香水瓶收藏價值極高，試著在跳蚤市場找找看吧。包裝由克里斯汀·貝哈赫（Christian Bérard）設計，1999年更被譽為「世紀香水瓶」。據說現在還能找到舊款香水瓶，拔起白鴿瓶蓋，或許美妙花香也仍遺留在瓶中。許多人認為這麼多年過去，L'Air du Temps已不若往日精彩。但它變得比記憶中輕柔，或許不再是大把鮮花，比較像小巧的花束，不過還是極美，而且實用，初次約會或平日上班皆宜。

83 Paco Rabanne
Lady Million

香氛家族：花香
發行年分：2010
創作者：Anne Flipo、Dominique Ropion、Béatrice Piquet

「性感又高雅」，絕大部分的網路評價皆異口同聲地這麼形容這款Paco Rabanne的全球暢銷香水，由上述三位才華洋溢的調香師共同創作。Lady Million是花果香調，過去十年間有成千上萬款這類香氛問世（而且絲毫沒有減退的跡象），幾乎已經是陳腔濫調。但這款香水可不一樣，光芒萬丈的金色鑽石形噴式香水瓶，寫滿逼人貴氣，對於內含的香水也是再貼切不過的形容。前味是覆盆子和苦橙，並搭配苦橙花；中味是更強烈的橙花純露，還有大量濃郁茉莉、梔子花、牡丹和玫瑰，既優雅又充滿感官性（而且香氣襲人）。Lady Million最大的特色，就是停留在肌膚上久久不散去，好比香水界的馬拉松跑者，最後逐漸轉為絕妙平衡的廣藿香、麝香調的木質香、蜂蜜與香莢蘭。這款香水最適合搭配超高的高跟鞋、華美的洋裝，還有高級珠寶。

84 Penhaligon's Bluebell（藍風鈴草）

香氛家族：花香
發行年分：1985
創作者：Michael Pickthall

森林中盛開的藍風鈴草真是世界上最美麗的景色之一，而這款香水就像將整座春天的森林裝入瓶中。Bluebell來自英國品牌Penhaligon's，1860年代由威廉・亨利・潘海利根（William Henry Penhaligon）創立，後來他成為維多利亞女王的宮廷理髮師與調香師。最近Penhaligon's推出幾款精彩迷人的香水，變得極富當代感，Bluebell推出三十年來一直被視為優雅的香水作品，但現在也成為品牌的經典之作了。前味是極青翠的綠色調，徹底的綠色香調！接著中味一轉，鈴蘭、風信子和茉莉翩翩降臨，還有掛著露珠的玫瑰，以及丁香的隱約辛香氣息。後味非常討人喜歡，愈發青翠欲滴的綠色調來自天竺葵（Chanel No. 19的招牌原料）和潮溼的青苔感，有點像嫩芽冒出泥土，或是春天來臨時整理花園，或是走進一家花店時聞到的氣味。在一個香水愈來愈繁複的世界裡，若想來點單純簡約的香氛，Bluebell值得一試。

85 Prada Candy

香氛家族：美食
發行年分：2011
創作者：Daniela Roch-Andrier

Thierry Mugler的Angel推出時曾帶來「嗅覺震撼」，開創全新「美食調」香水，又稱食物調香水。Prada Candy較之晚了許多年才上市，不過由於Prada是眾人渴慕追求的設計師品牌，因此為美食調香水吸引了全新客群。若說Angel是一座堆滿甜點的小推車，Prada Candy就是70%的黑巧克力。剛噴出就明亮燦爛，同時又將一盒焦糖糖果推向你。不過前味轉眼就變得如帕什米那（pashmina）羊毛般，溫柔地裹住全身。Prada Candy是非常秋冬感的香水，濃郁甜美的樹脂包括安息香和妥魯香脂，深具神祕感並縈繞全身，琥珀則為後味增添帶煙薰感的深沉氣息，非常性感輕柔，尾香還混合數種麝香。「聞起來像肌膚的氣味，但有過之而無不及。」還有，這款設計師香水擁有美麗搶眼的桃紅色瓶身完全不令人意外。不過千萬注意噴嘴的方向，否則就會像我們一樣，一不小心噴得滿頭滿臉。

86 Reiss Grey Flower（灰夜）

香氛家族：東方
發行年分：2013
創作者：Azzi Glasser

瓶身看起來就像純金打造，內容物亦然，這就是時尚品牌Reiss首度推出的香水。凱特王妃經常被狗仔隊拍到身穿Reiss的服飾，使其受到全球注目。它深沉、木質、性感，但也圓潤溫暖，只有最親密的人才能嗅到。其中含有較特殊的成分，蒿草（artemisia）帶出草本香氣、多香果（pimento berry）帶來少許辛香氣、可可葉和琥珀晶（amber crystal）以及黑茉莉、月桂（bay）、大量乳香和廣藿香。如果喜歡焚香調香水，你一定會愛死它。Grey Flower幾乎跳過前味，直接進入主題，在香水界中我們稱之為「線型香水」，這意味著初次聞到的香氣就是香水的真正樣貌。線型概念在香水結構中愈來愈受歡迎，因為我們生活在一個「現在就想要！」的世界裡。

87 Revlon
Charlie Blue
（藍色查莉）

香氛家族：花香
發行年分：1973
創作者：佚名

我將這款香水放在名單上，純粹是出於懷舊之情，也因為Charlie在當時是非常重要的香水里程碑，廣告中的女人時髦美麗，身穿長褲邁著大步。另一支電視廣告更驚世駭俗：一位女性輕拍西裝筆挺的男人的背，旁白說：「現在是Charlie的天下了！」這款香水可說是為了閱讀《柯夢波丹》的職業女性而打造，對許多年長的女性來說宛如時光機器，喚醒她們對性生活的再次渴望。Charlie的價格一直以來都很親民，香氣就像經典的法式香水，人人都負擔得起，一貫的柑橘前味，中味是風信子、茉莉、鈴蘭和康乃馨，後味近乎柑苔調，含有檀香、雪松、橡木苔、麝香和香莢蘭，最後留下久久不散的木質、麝香調粉香。當然Charlie不是Guerlain、Caron，更不是Chanel出品，但無論如何經過數十年，Charlie仍繼續生產。所以放下優越和勢利的偏見，聞了再說，總不可能所有Charlie愛用者都搞錯了吧？

88 Roads
White Noise（白噪音）

香氛家族：清新
發行年分：2014
創作者：佚名

很少見到香水品牌同時推出藝術計畫、紀錄片、電影與書籍，不過野心勃勃的丹妮爾．瑞恩（Danielle Ryan）願景，是創造一個與各個文化層面皆有連結的香水品牌。但真正吸引我的，是一系列十款極簡香水的美麗包裝，特殊但皆不失實用性。我第一次見到它，是在佛羅倫斯的「Pitti Fragranze香水展」，那是義大利兩大年度香水展之一。Roads在一個巨大的白色貨櫃中展示香水，背景牆上不時閃現影像。十款香水中，我認為White Noise應該最有可能成為常賣暢銷款，近乎抽象的香調組合以令人頭暈目眩的醛調揭開序幕，隨之而來的還有香蜂草、青蘋果、橘子和葡萄柚。接著在肌膚上魔法般地轉為柔美，溫柔的鳶尾花、青嫩的紫羅蘭葉，茉莉和晚香玉的白色花香調主架構，以及天芥菜，乾爽清美。持續的印象則偏木質香調，包含檀香、雪松、琥珀及香莢蘭。建議直接到店面（小眾香水店）試用Roads的所有香水，看看哪一款最適合你。

89 Robert Piguet
Fracas（晚香玉）

香氛家族：花香
發行年分：1948
創作者：Germaine Cellier

這款祖母級的香水如今已改頭換面，整容程度可比年過八旬的奧斯卡得主，不過香水界大多持正面評價，Fracas終於重振旗鼓了！而且就像斐德烈・瑪爾承認：「任何創造晚香玉香水的人，都試圖超越經典，也就是Fracas。」這款香水由潔曼・瑟麗耶（Germaine Cellier，也為同品牌創作Bandit）操刀，香甜濃烈，撲面襲來，就像小明星隆乳或用魔術胸部擠出的高聳胸部，宛如白色花香和綠色香調龍捲風，梔子花、茉莉、鈴蘭、玫瑰、苦橙花、鳶尾花和風信子全都不敵晚香玉的香氣，調和出非常甜美的綜合花香。前味是清新的香柑和橘子，在陣陣晚香玉中味之下，可以聽見木質調低聲吟唱，包含雪松、岩蘭草和檀香，但是基本上這款香水是徹頭徹尾的晚香玉調。如果不喜歡其濃烈近乎藥味的異香，Fracas就絕不會出現在你的梳妝台上。不過做為香水歷史上的里程碑，Fracas值得認識，並試在肌膚上，即使最後只是露水姻緣也好。

90 Roja Parfums
Risqué

香氛家族：柑苔
發行年分：2012
創作者：Roja Dove

洛傑・朵夫曾在Guerlain工作多年，之後轉戰哈洛司百貨的高級香水店，提拔小眾香水品牌，他推出的同名品牌香水中，不少帶有Guerlain的影子，包括這款名字引人遐想的柑苔調作品。在自己的Roja Parufms品牌之外，他也提供訂製香水的服務（見96頁）。洛傑這麼形容：「Risqué的靈感來自某些性感十足的原料，為了達到微妙的平衡，有如遊走在禁忌邊緣。」這些極具官能性的成分包括經典的柑苔調架構：香柑、橡木苔、勞丹脂、廣藿香，還有龍涎香、香莢蘭、玫瑰、依蘭依蘭、茉莉，還有花香令人迷醉的風信子。此外絕對有皮革香調，想像打開一只悉心保養的老皮革包，深吸一口氣，大概是這樣的氣味。如果想要嘗試柑苔家族，沒有比Risqué更適合的入門香水。鑽石裝飾的閃亮瓶蓋，好比香水中的合身西裝，適合前往麗池酒店用午餐，或是到史卡拉（La Scala）歌劇院欣賞威爾第歌劇，甚至是和王子共進晚餐，就是如此洗鍊性感，優雅動人。

91 Serge Lutens
Féminité du Bois
（林之嫵媚）

香氛家族：木質
發行年分：1992
創作者：Christopher Sheldrake

輕薄透明又帶點朦朧感，Féminité du Bois是裝在瓶中的迷霧。紫羅蘭的花與葉混合乾燥的木質調與果香，創造出的香氣宛若夢境，半夢半醒間似乎還記得，一旦按下鬧鐘卻再也想不起來。1992年，謎樣的彩妝藝術家瑟吉・盧坦斯（Serge Lutens）為資生堂首度推出香水，第一款香水現在屬於Serge Lutens眾多精彩香氛之一，是個劃時代之作。以雪松做為主角的女香並不常見，即使為了增添整體溫柔感，加入飽含汁液的洋李香調、淋上蜂蜜、撒上小荳蔻和丁香等辛香料。最近Féminité du Bois配方經過調整，轉入大受歡迎的Serge Lutens香水旗下，部分溫暖果香不復存在，但仍值得一試。雖然甜美調沒有過去明顯，這款雅緻纖細的香水依然如夢似幻，辛香料和其他後味（檀香和麝香）輕巧現身，創造豐美圓潤的柔滑感。Féminité du Bois超凡脫俗的美仍舊獨一無二，而我們就愛它這一點。

92 Sisley
Eau du Soir
（暮之露）

香氛家族：柑苔
發行年分：1990
創作者：Jeanne Mongin

這款蓊鬱的柑苔調香水極盡洗鍊成熟、高雅貴氣之能事。它可能完全無法搭配牛仔褲，Eau du Soir渴望的是格萊德邦歌劇節（Glydecourne），或是非常正式的黑領結晚餐派對。精緻的Eau du Soir來自保養品牌Sisley，充滿難以捉摸的神祕感，得要自信十足才敢噴上這款香水。前味根本就是一杯是琴湯尼調酒，極澀的杜松子香氣加入少許橘子和柑橘，帶點藥草師花園的草本氣息。但Eau du Soir最細緻的部分隨著中味逐漸浮現，縈繞包圍著你，令人想一探究竟。陰鬱撩人、深沉神祕，含有紫丁香、雖然低調但不可或缺的香水主架構——茉莉與玫瑰，還有一絲粉香的甜蜜氣息。持久度也令人驚喜，它會在肌膚上纏綿許久許久，直到帷幕放下，女伶撿起拋上舞台的玫瑰，在後台門口簽完最後一個名。我想，這大概就是柑苔中的勞斯萊斯吧。

93 Thierry Mugler
Alien

香氛家族：東方
發行年分：2005
創作者：Dominique Ropion、Laurent Bruyère

在全球大暢銷的Angel之後，Thierry Mugler睽違十年再度出手，就如設計師本人所說：「創造Alien是艱巨的挑戰，因為全世界都盯著你看。」結果當然不像Angel那般兩極化，但由全球最受推崇的調香師之一多明尼克·洛皮翁操刀，絕對不會淪為平淡無趣之作。堤耶里沒有透露太多Alien的成分，但絕對遠比官方的敘述更繁複：「小花茉莉（jasmine sambac）的前味、喀什米爾木（cashmere wood）的中味和白琥珀的後味。」Alien充滿香莢蘭的甜美氣息，但如羽毛般輕輕飄落，而非Angel的濃厚黏膩。其中含有稍縱即逝的明朗茉莉，但主要是高雅乾燥的木質香調，活脫脫是陰暗夜店、幽會與神祕感。現在Alien有許多不同版本和產品，這就是品牌將一款香水的價值最大化的方式，並且馬上就擄獲粉絲的心。不過我最愛的還是原始版本，尤其是造型獨特的瓶身，簡直就像奇幻故事中的護身符。

94 Tom Ford
Black Orchid
（黑蘭花）

香氛家族：東方
發行年分：2006
創作者：David Apel、Pierre Negrin

黑松露放在香水裡？要對湯姆‧福特（Tom Ford）玩的嗅覺把戲有信心！在這款層次豐富、復古典雅的香水中，黑松露更添醉人的深沉官能性。香水世界迫不及待地想要聞聞來自Gucci前任設計師的首款香水，同時也八卦一下他和Estée Lauder公司的合作關係。Black Orchid推出時不負眾望，至今仍是如此，一夕之間大受歡迎，將人迷得暈頭轉向之餘仍保有清新感。甜蜜美食調特性中帶有綠色香調。在歡欣奔放的橘子和香柑後，轉為木質和香莢蘭調的濃郁混合，包括依蘭依蘭、黑梔子花（black gardenia）、茉莉及同名的「Tom Ford Black Orchid」香調（來自某個帶香氣的黑色蘭花品種），以琥珀、廣藿香、焚香及香莢蘭總結。這款香水不屬於辦公場合，更不用說和未來的公婆見面──Black Orchid最適合深V領白色絲質禮服、紅唇、性感細高跟鞋、還要超有「態度」。決定接受挑戰了嗎？

95 Tom Ford
Café Rose（咖啡玫瑰）

香氛家族：東方花香
發行年分：2012
創作者：Antoine Lie

最近幾年來，人們的目光（還有鼻子）開始轉向中東。中東地區是香水的搖籃，阿拉伯調香師在數千年前就已混合煙薰（smoke）、辛香料和木質香調，再加入魔法粉末般的玫瑰，近來形成巨大的影響力。中東人在香水上的花費相當可觀，甚至會同時在身上和衣服上使用高達七種香水。為了大賺阿拉伯國家的錢，香氛世界創作許多向香水的阿拉伯血統致敬的作品，但沒有幾個能像墨色瓶中的Café Rose，迷人美味風靡全球。掛滿露珠、華美富麗的玫瑰（土耳其、保加利亞和五月玫瑰）有如土耳其軟糖甜美。不過少許咖啡加上騷動嗅覺的黑胡椒，打破柔美花香的疆界，跨入迷惑人心的神祕領域。後味的檀香、廣藿香、琥珀和焚香，編成一張細密華美的織錦，令人心癢難耐。只有坐下來喝杯義式濃縮咖啡，好整以暇，才有辦法享受Tom Ford全系列香水之美。

96 Van Cleef & Arpels
First（初遇）

香氛家族：花香
發行年分：1976
創作者：Jean-Claude Ellena

如今每個高級珠寶品牌都推出自己的香水，不過這款過火的花香調香水，在七〇年代曾是這股風潮的開路先鋒。它非常光鮮體面，完全無法想像豐盈富麗的First搭配牛仔褲或整理庭院的模樣，浪漫燭光晚餐才是它的歸宿。First是一款跳脫潮流、正統派的大人香水，稍微帶點Chanel No. 5的風格，開場有些類似，波光瀲瀲的醛調瞬間揭開香氛序幕，讓你忍不住將鼻子埋進高雅花香，包括茉莉、土耳其玫瑰、康乃馨、少許鈴蘭、風信子，以及幾乎察覺不到的黑莓花苞。香氣在身上會逐漸變得柔和，並帶點粉香，有如大理石雕塑圓潤無瑕，所有元素完美融合更迭。隨著夜晚進行，蜜般的香氣逐漸浮現，琥珀、檀香、零陵香豆和岩蘭草更添溫暖。這款香水非常值得一試，尤其是能夠自信展現女人味、渴望找到屬於自己的香氣的女人，不過每個人都該聞聞（並使用）First，至少一生一次。

97 Viktor & Rolf
Flowerbomb（甜蜜炸彈）

香氛家族：花香
發行年分：2005
創作者：Olivier Polge、Carlos Benaïm、Domitille Bertier

這是花香調？東方調？還是美食調？Flowerbomb甜美誘惑的漩渦三者兼是，極度美麗可人，即使這對荷蘭設計師雙人組的大名並非家喻戶曉，但甫推出即在全球掀起風潮。只要噴幾下，就能為自己捲上一層棉花糖般的甜蜜香氛。Flowerbomb愛好者告訴我，有一次她偶然翻到一條曾經搭配這款香水使用的絲巾，香氣仍依附在上面，真是太幸福了！雖然焦糖和香莢蘭不在「官方」的成分列表上，不過香水中這兩者的氣味非常明顯。Flowerbomb以「美食廣藿香調」為基礎，這個香調最早透過Thierry Mugler的Angel廣為人知，不過此處的整體香調搭配更細膩。Flowerbomb的甜度掌握得剛剛好，歡欣的開場後是花香調，像蜂蜜般一個接一個綿延不絕，小花茉莉、小蒼蘭、玫瑰、蘭花、桂花，然後是琥珀、廣藿香、麝香。柔美迷濛，有點像在冬天裡蓋著喀什米爾毯子一邊看最愛的電影，手裡拿著一杯暖乎乎的熱巧克力，矮桌上放著一杯香檳，而且最好的朋友就窩在你身邊！

98 Yardley English Lavender
（英倫薰衣草）

香氛家族：清新
發行年分：1973
創作者：佚名

English Lavender 也是一瓶香水活化石，如今的版本仍和剛推出時一樣清爽宜人，當時英國正值維多利亞時期，單一花香調香水非常流行。這款香水是滿滿的薰衣草，令心情飛揚又具療癒感，幾乎就像在接受芳療，而且可以（不分性別的）快速提神。薰衣草的香氣非常逼真，就像在指尖搓揉薰衣草的花朵和葉片，不過也和所有的薰衣草香調一樣並不持久。某位愛好者告訴我們，她將這款香水噴在頭髮上，得到許多讚美。不過嚴格來說，單一香調香水比想像中的複雜，不只是單純的蒸餾「薰衣草花水」。其中可以發現明亮的香柑、清香的尤加利和迷迭香，中味是可人的天竺葵、快樂鼠尾草及雪松。過幾個小時後，可能會嗅到少許零陵香豆、麝香和潮溼苔蘚的蛛絲馬跡。Yardley 和另一個古龍水品牌 4711 可能是最物美價廉又精打細算的香水品牌，大量噴灑也不心疼，無精打采的時候更推薦使用！

99 YSL Paris（巴黎）

香氛家族：花香
發行年分：1983
創作者：Sophia Grojsman

巴黎是世界上最浪漫的城市，而蘇菲亞·葛洛耶絲曼（Sophia Grojsman）的作品 Paris 毋庸置疑也是純粹的浪漫。裝在寶石般切割的美麗瓶中，搭配皮耶·迪南設計的桃紅與黑的瓶蓋，Paris 洋溢幸福與歡快，還有大把大把的玫瑰。淡粉色的液體暗示 Paris 的女人味，而且是大膽外放的女人味，典型的八〇年代風格。儘管如此，Paris 卻不失飄逸輕盈的透明感，挑逗得恰到好處，而非明目張膽地宣告「快占有我吧」。Sophia Grojsman 創作 Paris 時受到的影響包括 Guerlain 的 Après L'Ondée：「我以極為柔滑的紫羅蘭調做骨架，然後試著加入玫瑰。」因此在輕如羽毛的水果柑橘開場後（香柑、橙花），Paris 的中味不只是煙霧朦朧的紫羅蘭，玫瑰闖入並貫穿中味，直到染上溫婉的粉香，不過在背景中始終可以察覺一絲涼爽的綠色香調。Paris 宛如置身古典庭院中的玫瑰，隔著常綠樹藩籬，並以少許糖蜜感點綴。想要和玫瑰談場戀愛嗎？快噴上 Paris。

100 YSL Rive Gauche
（左岸）

香氛家族：花香
發行年分：1070
創作者：Michel Hy

很難想像這款香水在當時多麼具有開創性，這是最早掀起性別震撼的香水之一。左岸是巴黎具文藝氣息的區域，代表勇敢獨立，就像這款香水其中一支廣告的文案：「專屬勇於展現自我的女性。」你是為了自己而買下這款香水，而不是痴痴等著生日到來，或許會收到香水作為生日禮物。你不穿輕柔的洋裝，而以牛仔褲搭配它，以香水術語來說，Rive Gauche 是「抽象花香調」（abstract floral），但比許多花香調香水帶更多綠色香調。即使在前味就能辨認出潮濕的苔蘚調、天竺葵，也許還有些微稍縱即逝的煙薰感。接著就像夏日早晨，隨著溫度攀升，這些花香開始綻放，為香水加溫，玫瑰、桃子和鈴蘭的香氣逐一浮現，揉成輕柔粉香。木質的尾香要花點時間才會顯露全貌，包括岩蘭草、檀香、橡木苔、麝香和樹脂。這款香水幾乎可以算柑苔調了，嚴格來說是介於花香和柑苔之間。Rive Gauche 最大膽的莫過於裝在錫罐出售，而非玻璃香水瓶（至今依舊如此）。事隔四十多載，這款香水仍魅力不減。

THE, *men's* ROOM

男士專屬

現今市面上的男香其實幾乎跟女香一樣多。
在很久以前，香水其實沒有性別之分，都是可以「共用」的。
接下來介紹的香水有的來自知名設計師品牌，
有些則是獨立的香水系列，不過全都值得一試。

1 Aqua di Parma
Colonia

香氛家族：清新
發行年分：1916
創作者：佚名

Colonia於1916年首度推出，不過這款經典古龍水真是歷久不衰。早晨使用它，提神效果比兩杯濃縮咖啡更迅速，幾滴苦橙、檸檬和西西里香柑帶來鮮明的柑橘調。隨著令人心曠神怡的前味淡去，該是迷迭香、快樂鼠尾草、薰衣草、檸檬馬鞭草等草本綠色元素上場的時候了。芬芳的中味還算持久，僅加入少許保加利亞玫瑰和鳶尾花使整體稍顯柔和，讓青翠感變得較圓潤。Colonia遠比大部分古龍水複雜，不過從頭到尾仍充滿透明清新的香氣。某位愛用者的評價說：「當我希望身上帶點香味時，Colonia是我的首選，它不會太引人注目、過度前衛或濃烈撲鼻。」這款香水很實用，接受度也很高（跟另一半「借來」用用更是方便極了）。陽光般金黃的外盒也很經典，丟掉實在可惜，當作辦公桌收納盒非常理想，或許會是個性感的迴紋針盒或筆筒呢！

2 Chanel
Pour Monsieur（紳士）

香氛家族：薰苔調
發行年分：1955
創作者：Henri Robert

Pour Monsieur也擁有傳統古龍水的清新感，現今的版本仍舊非常貼近上個世紀的原始配方——大量清新颯爽的柑橘調（苦橙花、苦橙葉、檸檬），通常還能嗅到些許薰衣草。不過在有如剛淋浴完的清爽感下，Pour Monsieur還多了一些複雜的層次，些許薑和小荳蔻帶來辛香氣息。最有趣的是，在肌膚上過了一段時間後，香氣變得圓潤柔和，聞起來像鉛筆盒的雪松、橡木苔和深沉帶泥土氣息的岩蘭草組成的後味逐漸浮現。最後留下的可人纏綿但若有似無的粉香，因此許多不喜歡香水太過柔美的女性也使用Pour Monsieur。這款香水由促成Chanel No. 19的專屬調香師亨利・侯貝（Henri Robert）於五〇年代所創作出，當時的男人嚮往優雅得體的裝扮和舉止。Pour Monsieur不僅符合這兩樣需求，最初更以真正的紳士香氛做為行銷訴求，至今仍非常實用，而且討人喜歡。

3 Davidoff（大衛杜夫）
Cool Water（冷泉）

香氛家族：清新
發行年分：1988
創作者：Pierre Bourdon

清新、帥氣、性感。廣告中的男人裸著上身，後面是一片湛藍大海。Cool Water 為這類型香水帶來深遠廣大的影響。香水中連一絲雪茄氣息也嗅不到。雪茄？沒錯，仙奴・大衛杜夫（Zino Davidoff）曾是頂級古巴雪茄的供應商，這款極清新、宛如輕柔海風的超級暢銷之作沒有絲毫菸草天王的影子。Cool Water是真正的香水經典，至今不顯過時，仍和昔日帶動八〇年代風向一樣實用，香水評論家路卡・杜杭給它「五顆星」。Cool Water在香草植物調（薰衣草、芫荽、迷迭香、薄荷，還有隱約的剛除完草的氣味）和性感得要命、「快吃掉我吧」的後味（麝香、雪松、琥珀和橡木苔）之間取得恰到好處的美妙平衡，在肌膚留下潮溼的苔蘚尾香。那兩者之間呢？如果非常仔細地聞，或許會嗅到一縷天竺葵的香氣。我們幾乎沒遇過哪個男人（無論暗中或大方承認）不愛這款經典香水，了不起吧。

4 Dior
Eau Sauvage

香氛家族：清新
發行年分：1966
創作者：Edmond Roudnitska

只要一陣檸檬雪酪般的香氣，馬上就回到我們自己使用這款香水的時候。Eau Sauvage是以檸檬為主調的古龍水，苦橙葉更凸顯檸檬香氣，同時增添綠色調。迷迭香和羅勒的草本香氣也很清晰，後味是岩蘭草、經典柑苔成分橡木苔，可能還有少許麝香。這款香水也是首先使用一種名為二氫茉莉酮酸甲酯的合成原料，香氣有點像茉莉，帶點水感。不過整體而言，Eau Sauvage非常簡約，艾德蒙・路尼茲卡（Diorissimo也出自他的手）希望自己的香水能夠更單純簡約。這款香水至今仍是極簡主義的最好例子，始終清新從容，性感俐落。使用這款香水的其中一個樂趣就是不斷補噴。（尤其在下午四點，振奮心情士氣的效果比最濃的紅茶還好！）

5 Givenchy
Gentleman Only
（都會紳士）

香氛家族：木質
發行年分：2013
創作者：佚名

雨貝・紀梵希（Hubert de Givenchy）是男人優雅的典範：高眺、無可挑剔、風格超群。這個男人曾為奧黛麗・赫本（Audrey Hepburn）等傳奇電影明星設計服裝，她們很少選擇其他設計師。在紀梵希先生仍指揮掌管服裝品牌的時代裡，Givenchy Gentleman誕生了，張揚的廣藿香調帶有原始大地氣息，後來成為男性香水的傳奇。這款香水可能不適合較年輕的族群，好比在星期五便服日不該穿著上漿硬挺襯衫。不過經典的 Givenchy Gentleman啟發了後來木質草本香調的新版本 Gentleman Only，橘子和粉紅胡椒的輕快前味，中味帶少許白樺樹葉的氣息，後味則是雪松、廣藿香和岩蘭草的經典木質調，被稱為「新經典」一點也不為過。這款香水就是裝在瓶中的好品味化身，瓶身的厚實手感令人喜愛，有型到放在浴室櫃子裡都嫌可惜。也務必聞聞，若是在另一半的頸子上聞到，那就更理想了。

6 Hermès
Equipage （船員）

香氛家族：薰苔調
發行年分：1970
創作者：Guy Robert

這件傑作是精品皮件品牌Hermès首度推出的男性香水，至今仍是男性優雅的化身。不過我們相信，比起使用這款香水做為精緻低調的個人特色的許多父親和祖父們，年輕一代更該好好認識它，好好矯正中毒太深的「足球明星」香水、「饒舌歌手」香水與其他無數「名人」香水。草本香氣與辛香料形成鮮明對比，馬郁蘭、牛膝草（hyssop）、龍蒿和肉桂，還有康乃馨的丁香氣息。不過Equipage中帶有隱約的花香特性（一絲絲茉莉和鈴蘭）使其帶有中性特質，女性偶爾用用較陽剛的香氛也很不錯。Equipage的後味中不會特別感覺到岩蘭草、廣藿香、琥珀或零陵香豆的香莢蘭，整體非常圓潤，但又有濃厚的皮革大地感煙焚香氣。這款香水一點也沒有暴發戶氣息，卻予人出身名門的印象。Fragrantica網站上某位愛用者的留言很貼切：「這款香水是成熟男人的專屬，所以耐心等到至少三十歲後，有工作，有房有車，沒有老婆也沒關係，Equipage會助你一臂之力。」

7 Lalique
Encre Noire （黑澤）

香氛家族：木質
發行年分：2006
創作者：Nathalie Lorson

岩蘭草可能是最適合男性的性感氣味，其香氣深沉神祕，帶有泥土和木質氣息。岩蘭草一向是調香師的靈感來源，可以呈現其清新的一面，或是強調深沉謎樣、煙霧繚繞般的特質。來自知名玻璃工藝品牌的Encre Noire，則完美演繹了岩蘭草的陰暗面。清爽短暫的前味消逝後，接著是香氣絕佳的岩蘭草，加上碾碎的黑胡椒，還有一陣「營火」氣味。講究典雅的香氣不僅讓所有使用它的男人撥撩女人心，更想接近他，近到能嗅到他的脖子。這時候應該可以聞到絲柏、波本岩蘭草（來自留尼旺島，離馬達加斯加不遠，那裡的香莢蘭也很出名），還有海地岩蘭草的香調。香水就像葡萄酒，原料深受「風土」影響，同樣的原料若產地不同，特色可能因此相異。持久的後味中，溫柔的雪松調木香和麝香彼此交纏數小時。只消深吸一口氣，我們就會迷失在它的魅力中。噢對了，墨黑色的瓶身真是美呆了！

8 Penhaligon's
Juniper Sling
（杜松子琴酒）

香氛家族：木質
發行年分：2011
創作者：Olivier Cresp

有誰想來杯琴湯尼調酒嗎？只要按下戴蝴蝶領結的香水瓶，你馬上就會巴望太陽早點下山，迫不及待來杯倫敦琴酒（London Dry Gin）。前所未見又清爽，Juniper Sling是香水界的重量級人物，也是調香師奧利維耶·克列斯普（Olivier Cresp）的玩心之作。一小撮杜松子混入草本與辛香調，相輔相成，精彩絕妙，近乎麝香的綠色調歐白芷、大量磨碎的黑胡椒、少許肉桂和小荳蔻，還有鳶尾花帶來一絲輕描淡寫的甜香。Juniper Sling的香氣清涼解渴，充滿戶外氣息，直到令人想要依偎著的溫暖後味浮現，泥土氣息的岩蘭草、輕柔的琥珀，還有較香甜的「砂糖調」。不過杜松子的氣息從開始持續到最後，隨著最後一縷香味淡去。持久度不特別突出，比較類似古龍水，不過對於想要擁有與眾不同香氣的男人，這是風格獨具的選擇，而且不分性別。美麗的香水瓶裝在銀色搭配綠色的盒子裡，美到讓人捨不得丟棄。

9 Tom Ford
Grey Vetiver
（灰色岩蘭草）

香氛家族：木質
發行年分：2009
創作者：佚名

岩蘭草其實是千變萬化的香水原料，既能強調深沉幽暗的特質，也可加入清爽明亮的成分，展現其紮根深廣的青草氣息。Encre Noire（見153頁）屬於前者，不過這款卻是輕盈溫文的岩蘭草，開場有如敞開窗戶照入的陽光，明豔的葡萄柚、橙花，還有隱約的鼠尾草草本香氣。中味溫和，鳶尾花帶來柔滑質地，或許還有薰衣草，因為有時候香氣幾乎帶有經典古龍水的特質。Grey Veviter和大部分我聞過的Tom Ford香水一樣，到了後味逐漸轉為醇厚，變成極經典的煙薰辛香木質調，做為主角的岩蘭草和烘烤過的零陵香豆與香莢蘭氣息（以及香莢蘭本身）、橡木苔、琥珀木，還有些許黑胡椒，水乳交融。這款香水清鮮、穿著講究，工作場合或在辛苦一天後提振精神都很適合。男人應該多多探索岩蘭草的世界，就像某位網路評論者說的：「Grey Vetiver是岩蘭草啟蒙教育的理想選擇。」

10 山本耀司
Yohji Homme
（同名男香）

香氛家族：木質
發行年分：1999
創作者：Jean-Michel Duriez

當山本耀司所設計的原版Yohji Homme宣布停產時，全世界的男人一片哀嚎。好消息是，這款不隨波逐流的獨特經典男香回來了，經過調香師奧利維耶·沛雪（Olivier Pescheux）重新詮釋，不但變得非常有意思，也不失實用性。清新調和香辛料混合得精彩絕妙，些許咖啡、摩卡和蘭姆酒爭相擠在細長高窄的玻璃瓶中，加上較傳統的男香原料，包括雪松、香柑、鼠尾草、薰衣草、杜松子，再輕輕撒上辛香的小荳蔻。後味的皮革、麝香和廣藿香氣味明顯。雖然會在肌膚上停留許久，但在工作場合中一點也不會干擾同事，當然也很適合休閒的週末，某位香水部落客形容它是「我遇過最接近瓶裝搖滾的香水」。Yohji Homme剛推出時，山本耀司認為「這款香水依循我的設計的形象，偏離常軌又前衛」。適合有自信的男人，並為自己的魅力感到自在從容。

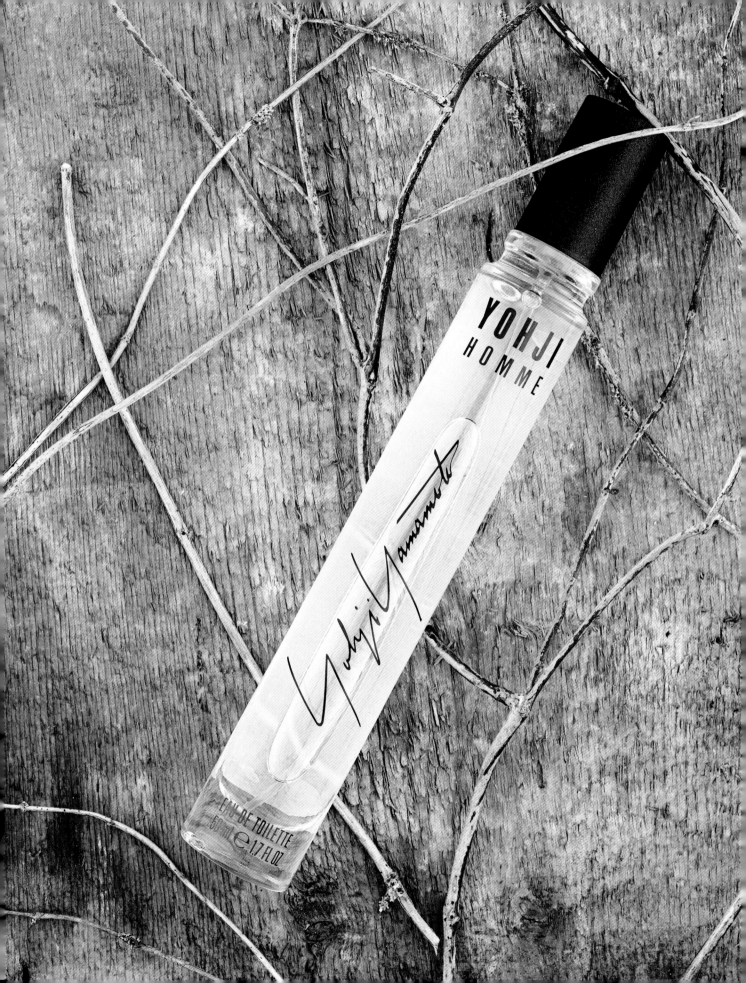

You see, perfume
awakens thought

香水能夠活化思路。

——維克多·雨果（Victor Hugo）

SOME OF
THE BEST
perfume shops
IN THE WORLD

世界上最棒的香氛店

如果可以的話，我想把全世界的香水店家都寫出來。到處嗅聞新氣味和
香氛是旅行的樂趣之一，我實在太愛發掘新店家和精品小店甚至露天市集，
無論為了購物，或單純想要聞聞不同的新香水，並使對香水的鑑賞力更廣博。
以下是精選來自世界各地值得一去的香水店：

Les Senteurs（英國倫敦）

豪斯利（Hawksley）家族精選販售獨立香水品牌超過三十年，
起初在皮姆利柯區（Pimlico），後來才搬到位在北梅菲爾
（north of Mayfair）的現址，目前由第二代香水愛好者克萊兒
帶領知識淵博的團隊。店家大方提供試用品，他們鼓勵客人帶
走試用品，在心中慢慢醞釀對香水的喜愛，而非倉促做出錯
誤決定，待客態度一流，十數個品牌，從Editions de Parfums
Frederic Malle、Serge Lutens、By Kilian、愛爾蘭的Cloon Keen
Atelier、4160 Tuesdays到Caron等等，絕對讓你逛得盡興。

71 Elizabeth Street, Belgravia, London SW1W 9PJ
電話：00 44 (0)20 7730 2322
www.lessenteurs.com

MiN NY（美國紐約）

我最喜歡的兩間紐約香水店都在蘇活區。（Bergdorf Goodman百貨地下室的香水部門也非常棒。）這家香水店有受過極佳訓練的店員、許多非常有趣的小眾香水品牌、「男士」專區，如果逛到一半需要休息一下，還有調酒吧呢！店內以古董裝飾，是個可以舒舒服服翹著腳坐在沙發上放鬆的地方，完全賓至如歸的享受。

117 Crosby Street, New York, NY10012（在East Houston Street和Prince Street之間）
電話：00 1 212 206 6366
www.min.com

Osswald（美國紐約）

與MiN NY暗黑的夜店風格（見右側）截然不同，Osswald如診所般極為明亮潔白，或許是向它的瑞士血統致敬。 不過店裡的獨立品牌種類驚人，包括Maison Francis Kurkdjian、Amouage、Clive Christian和Roja Parfums。

331 West Broadway, New York, NY 10013（在Canal Street和Grand Street之間）
電話：00 1 212 625 3111
www.osswaldnyc.com

Strange Invisible Perfumes（美國洛杉磯）

我一定要把位在艾伯特金尼大道（Abbot Kinney Boulevard）的Strange Invisible Perfumes香水店列入最愛時髦店家的清單上。本章節中大部分介紹的店家皆販賣多種品牌，但這家店只販售Alexandra Balahoutis的香水，完全有機，野外採集的原料，並採用生物動力法和水蒸餾，香水名稱像是Fair Verona、Epic Gardenia、Prima Ballerina和Dimanche。如果負擔得起，買一組Perfume Minibar寵愛自己吧。雖然不便宜，但絕對值得。

1138 Abbot Kinney Boulevard, Venice, CA 90291
電話：00 1 310 314 1505
www.siperfumes.com

Scent Bar（美國洛杉磯）

這是美國知名度最高、專賣稀有品牌的網路香水店www.luckyscent.com所經營的實體店舖。位在比佛利大道（Beverly Boulevard）上，輕鬆的風格是為了營造「葡萄酒吧的隱密感但又不這麼拘謹」（事實上整間店的設計也很像酒吧），吸引人坐下來好好認識Testa Maura、Serge Lutens、Agonist、Breydo、Andrea Maack、Grossmith……等品牌。精彩多樣的香水品牌，還有不拘束的典型加州式待客之道。

7405 Beverly Boulevard, Los Angelos, CA 90036
電話：00 1 323 782 8300
www.luckyscent.com

Marie-Antoinette（法國巴黎）

Marie-Antoinette是位在巴黎瑪黑區（Marais）的香水店，空間窄小，但熱愛香水的店主硬是有辦法塞入十多個獨立品牌，而且店面風格獨具，有如一盒美味的巧克力。在這裡可以找到Vero Profumo、Parfum d'Orsay、Houbigant，還有許許多多其他品牌，真是極致的享受和樂趣。（不過造訪前務必再次確認地址，因為店主Antonio de Figueiredo告訴我們，他正在尋覓新店面——或許會寬敞些！）

Place du marché Sainte Catherine, 5 rue d'Ormesson, 75004 Paris, France
電話：00 33 1 42 71 25 07
www.marieantoinetteparis.fr

Jovoy（法國巴黎）

如果你在巴黎只有一天的時間，但又想體驗最瘋狂獨特的小眾品牌，那就絕對不要放過Jovoy！店內陳設是中國紅的牆面搭配經過改造的老家具（更不用說店面後半部那些有型有款的五〇年代沙發和椅子）。店主法蘭索·艾南搜羅了許多世界上最迷人的獨立香水品牌，包括Puredistance、Neela Vermeire、Nasomatto、Parfums de Marly，香水界最當紅的知名品牌也都可以在這裡找到。

4 rue de Castiglione, 75001 Paris, France
電話：00 33 1 40 20 06 19
www.jovoyparis.com

Farmaceutica di Santa Maria Novella（義大利佛羅倫斯）

這裡從1612年起就是藥房，有如教堂般華美的店鋪深處（可通往修道院）的小診療室，至今仍掛著藥水和通寧水。現在十幾種香氛產品也加入了Santa Maria Novella系列，大部分是古龍水，包括Tuberosa、Verbena和Vetiver，不過最有名也最受歡迎的可能非Melograno（石榴）莫屬。記得別空手離開店裡，帶盒辛香料香包，能讓房間芳香好幾年。

Via della Scala 16, 50123 Firenze, Italy
電話：00 39 055 216276
www.smnovella.it

杜拜香水市集（阿拉伯聯合大公國杜拜）

我的天，這裡有些傢伙真的很討厭，但如果想要讓嗅覺體驗阿拉伯香水文化，特別是其中各種濃烈、令人非愛即恨的原料，諸如沉香和乳香，那就花一兩個小時逛逛香水市集的街道，造訪不同店家，店主們會幫你在眾多傳統精油（attar）與香精（essence）找到符合喜好的選擇，不過要有討價還價的心理準備。杜拜數個購物中心裡的大型百貨公司也有眾多國際香水品牌，即使在一個人人都用香水，甚至同時使用七種香水的國家來說也能滿足需求。

Sikka al Khail Road, Deira（就在黃金市集的東邊）

L'O Profumo（義大利佛羅倫斯）

我們旅途中偶然發現L'O Profumo，狹長的店面座落在佛羅倫斯一條毫不起眼的街上，絕對是商品種類最多元精彩的香水。Creed、Heeley、État Libre d'Orange、Jardin d'Écrivains、Tauer、Mark Buxton、Keiko Mecheri、Olfactive Studio等等，總共超過六十個品牌。即使在這裡待上一整天也不會無聊（不過你的鼻子可能會有點疲勞）。

Via Pietrapiana 44, 50121 Firenze, Italy
電話：00 39 055 2639657
www.loprofumo.com

ps. 我們仍在持續挖掘新的精彩香水店，如果你也有私藏愛店，務必發封電子郵件給我們：info@perfumesociety.org。我們會很開心收到你的來信！

perfume and the
BLOGOSPHERE

香水與部落格

多虧有網路和部落格——這真是這些年來最棒的科技產物，
我們的視野與思想（更不用說嗅覺）被打開了，
只需彈指的功夫就能進入豐饒非凡的香水世界。

香水部落客是獨立的香水評論家，通常不賴此為生，而是出於純粹的熱情。他們來自世界各地，從英國、美國、澳洲，甚至希臘（絕大多數以英文撰寫）。追蹤他們的部落格沒有結束的一天，藉以不斷發掘新的調香師與品牌，同時提醒我們舊愛的好，免得因為工作上必須不斷嘗試有趣的新品而遺忘它們。

有些世界上最才華洋溢的香水寫手的文章可以在網路上閱讀追蹤，而且完全免費。我將他們加入「我的最愛」，同時誠心推薦給你，做為永不止息的「香水養成訓練」，因為香水就和葡萄酒、

藝術或文學一樣，吸收愈多，知識也會愈精深，從而得到更多樂趣。

這些部落格也能讓你知悉香水界的最新動態。

Persolaise

Dariush Alavi的書寫數度贏得茉莉花獎（Jasmine Award，香水界的文學大獎）可說實至名歸；他也寫了一本關於小眾香水的書《Le Snob : Perfume》。Dariush靈感來時才動筆，偶爾會訪問調香師。我們認為他的文筆居部落客之冠，值得忠實追蹤他的文章。

www.persolaise.blogspot.co.uk

Katie Puckrik Smells

生於美國、長於英國令Katie觀點獨特，由於擁有電視節目主持人背景，Katie在YouTube上建立自己的香水評論頻道。Katie的影片資訊豐富，值得一看，把香水講得生動有趣。不用看其他評論者的影片了，省省時間，直接轉到Katie的頻道吧！

www.katiepuckriksmells.com

The Non-Blonde

格主Gaia Fishler來自紐澤西，試用內容包括保養品和香水。她的獨立香水評論非常出色，較長篇的文章也一樣精彩，將類似的香氛以主題分類書寫，例如玫瑰、鳶尾花、煙薰、柑橘、琥珀等等。

www.thenonblonde.com

Now Smell This

出色豐富、無所不包的部落格，滿是精彩評論和精選香水；想要知道新推出與即將上市的香水第一手消息，這個網站也是最佳選擇之一。網站編輯Robin是一位超級香水迷，住在賓州小鎮上，距離最近的香水店都遠得要命。

www.nstperfume.com

Perfume-Smellin' Things

如果能夠無視網站兩側令人眼花繚亂的廣告，有些內容真的很不錯。網站上精闢的評論（大部分關於精品小眾香水）皆出自一群經過嚴格挑選的部落客們之手。絕對值得一讀。

www.perfumesmellinthings.blogspot.co.uk

香水部落客是獨立的香水評論家，通常不賴此為生，而是出於純粹的熱情。

Perfume Posse

這個香水網站來自美國，從2006年開始就有多位部落客努力為其撰稿，並由Patty White編輯。如今網站上的資訊量大得驚人，文章輕鬆風趣，曾獲網路新聞平台Huffington Post票選為「最佳香水部落格」之一。除了針對小眾香水有清楚基本的介紹、指引讀者許多可嘗試的有趣香水，還有依照特定類型（岩蘭草、香莢蘭、玫瑰……等）選出「最佳香水」的完整指南。

www.perfumeposse.com

Bois de Jasmin

這是我們最喜愛的部落格之一，不但文筆優美，也有關於香水世界的豐富實用資訊，從香水的製法到如何選擇和使用香水。格主Victoria Frdova，在紐約和布魯塞爾生活，同時也為《金融時報》以及《Perfume & Flavorist》雜誌撰稿。

www.boisdejasmin.com

Perfume Shrine

編輯Elena Vosnaki來自希臘，是香水歷史學家與作家，對於香水原料、潮流和歷史擁有博大精深的知識，並與她對感官樂趣的思索及香水的藝術結合。網站上有數千篇文章，一不小心就會忘了時間，在這裡花上好幾個禮拜呢！

www.perfumeshrine.blogspot.com

Grain de Musc

Denyse Beaulieu來自巴黎，是作家也是譯者，曾出過一本書，書寫她生命中的熱情——香水，以及香水帶給她的生活：《The Perfume Lover : A Personal History of Scent》，同時追溯由L'Artisant Parfumeur調香師Bertrand Duchaufour創作、真實存在的香水Seville à l'Aube的製作過程。別看網站設計非常樸素不起眼，這裡有許多資訊等著發掘，包括許多來自巴黎、享譽全球的調香師的深刻訪談。

www.graindemusc.blogspot.com

The Scented Salamander

成堆數不清的香水新聞和評論，「Perfume Shorts」分類下的文章簡短又吸引人。The Scented Salamander

是最早成立的香水部落格之一，因此過往文章數量多得驚人，皆出自Chantal-Hélène Wagner之手。才華洋溢的她擁有人類學與東方研究的博士學位，因此書寫極具深度，常以更宏觀的角度檢視香水。

www.mimifroufrou.com

Cafleurebon

幾乎每天都有新文章上架，文筆優美。Cafleurebon有些文章精彩深入，從原料、調香師訪談，到新品舊作兼具的香水評論（大部分是小眾香水）。網站的總編輯是美妝香水記者Michelyn Camen。

www.cafleurebon.com

Candy Perfume Boy

來自倫敦的Thomas在HR公司工作，才華洋溢，「自稱香水上癮」。他的部落格文章也曾抱走眾人夢寐以求的茉莉花獎。這是一個非常迷人又私人的網站，除了大量評論之外，還有一些極有深度的特別系列，介紹不同的香水原料，以及調香師們如何以形形色色的方式表現它們。為他贏得大獎的就是〈The Candy Perfume Boy's Guide to Violet〉一文。

www.thecandyperfumeboy.com

如果你自認為是個「香水評論家」（而且似乎數不清的人都這麼認為），有兩個內容廣泛、資訊豐富的網站，鼓勵網友們為數以千計的香水留下評價：

www.basenotes.com
www.fragrantica.com

The Perfume Society是貨真價實的現實生活社群——世界上第一個以愛好香水為出發點的社團。

最後我們可以為自己打廣告嗎……？

The Perfume Society網站（www.perfumesociety.org）和The Scent Critic是我們的計畫。The Perfume Society不只是網站，更是貨真價實的真實生活社群——世界上第一個以愛好香水為出發點的社團——香水愛好者可以加入網站、參與活動、見面會，也有機會得到試用品。網站上會不斷更新香水新聞，我們也製作會員專屬的線上雜誌《The Scented Letter》。此外，本書作者之一喬瑟芬偶爾會在自己的網站www.thescentcritic.com，針對喜愛的香水寫些評論。

你或許也意識到，網路連結常無止盡的相連到天邊，跟著連結很容易就從一篇文章跳到另一篇。大部分的優質香水部落格都有「資訊邊欄」（blogrolls），邊欄上會有推薦造訪的其他網站。從最上面的網站開始，接下來就跟著你的滑鼠吧。如果從此迷失在茫茫網海中，可別怪我們唷！

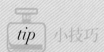

tip 小技巧

在衣服上噴香水是個好方法，但是請記得……

取一張廚房紙巾或面紙，噴上香水，確認不會在織品上染色或留下痕跡。千萬不要在淺色衣物上噴灑琥珀色香水。替代方案是噴在手帕上，然後放進口袋或胸罩裡，或者噴在領子的內側，小心不要讓香水沾到衣物顯眼的部分。

EVERYTHING
you ever
wanted
to know about
FRAGRANCE

香水大小事

滿腹疑問嗎？這些是我們在The Perfume Society上最常收到的問題，
希望答案能夠幫助你們了解如何選擇、保存與使用香水。
（還有其他問題嗎？請寄到info@perfumesociety.org）

Q 我很喜歡朋友的香水。但為什麼在我身上味道就不對勁了？

A 每個人的體質都不一樣，荷爾蒙、膚質、飲食、藥物以及許多其他原因都可能影響。即使只是因為健康飲食法（如果有的話！）或多吃一種維他命或營養補給品，都會改變香水在皮膚上的氣味。即使專家也無法明確指出哪些是影響香水的最大變因，或預測香氣會變得如何，有可能變得較酸，也可能變甜。不過可以確定的是，較深沉濃郁的香調如木質和琥珀類成分的氣味，比較不會因人而異，反之，清新調中較易揮發的成分像是柑橘或百合則容易改變。不過最重要的，不要因為喜歡香水在朋友身上的氣味而購買。更不用說不經試用就購買香水了。完畢。

Q 我非常討厭好朋友的香水，和她共處一室都快讓我受不了了。要怎麼做才能讓她停止使用這款香水呢？

A 雖然情有可原，但不建議太直接。香水非常私人，若選用的香水受到批評，可能會感覺受到人身攻擊。較溫和友善的方法是，蒐集各種你喜歡的香水試用品（或至少可以忍受共處一室的味道），下次和她喝咖啡的時候拿出來，說：「我拿到這些試用品，你可以幫我一起試試嗎？」偷偷記下她最喜歡的那款，然後買一瓶送她。然後你就可以說：「這款香水在你身上聞起來好棒呀！我也想要買一瓶！」（雖然是善意的謊言。）

> 千萬不要因為喜歡香水在朋友身上的氣味而購買。

Q 我找到一瓶年代久遠的香水。還能用嗎？

A 試試無妨，不過取決於香水的保存狀況。如果香水放不到兩年，或許沒問題（尤其是未拆封的）。先在面紙上試噴，如果聞起來帶酸味，或是「走味」了，或許是高溫和氧化破壞了香水分子。保存香水最好放在陰涼的地方。

Q 不小心噴太多香水該怎麼辦？

A 用檸檬。檸檬汁比任何柑橘類的汁液都強烈，能幫助稀釋香水中的油。先用水和肥皂清洗，然後再以浸泡過檸檬汁的化妝棉擦去殘餘氣味。

Q 為什麼有的香水在身上一開始味道很棒，後來卻走樣了？

A 許多香水都是混合各種香調以創造前味的活潑感。不過這些香調很快就會揮發，讓中味和後味成為主角，它們的香調較濃重，持續的時間也較長。務必確認喜愛香水的每個「階段」再行購買。

Q 可以同時使用一種以上的香水嗎？

A 我們認為這將會開始大流行。中東國家的女人（也包括男人）常最多同時使用七種香水，以創造「獨一無二」的個人香氣。對許多調香師來說這簡直是邪門歪道。但可以想見，在服裝幾乎標準化的地區（女人著黑袍，男人則穿白色或米色）這的確是自我表現的有力方式。Jo Malone London ™可能是市場上唯一積極鼓勵「香水混搭」的品牌，但我們認為這股流行正在逐漸擴大。效果最好的是混搭兩種屬於同一個香氛家族的香水，例如搭配兩種東方調香水，或是使用兩款清新調香水，不但充滿樂趣，要是不喜歡也可以洗掉（見167頁）。或許會混合出讓你愛得要死的新香氣呢！不過下手要輕，一點點這個加上一點點那個，而不是平常用量的兩、三倍，以免香氣太濃烈。

Q&A 我對香水的喜好改變了。為什麼？

絕大部分的人對某種香氛家族都會保持忠誠度，這也是為什麼了解自己一貫喜愛的香氛家族（們），能縮小可能喜愛的香水的範圍，選擇起來更容易。購物時從相同的香氛家族下手，從最熟悉的香調開始試。然而季節性過敏可能會讓嗅覺改變，病毒感染亦然。如果是這種原因，別馬上丟了你的香水，待過敏控制住或病癒後，嗅覺喜好就會回復了。

懷孕時期雌激素增加，也會導致對氣味極端敏感；許多女性在這段時期對喜愛的香水完全失去興趣，不過絕大部分女性在生完孩子後就會開心地重拾最愛的香水。更年期會使嗅覺稍微變得遲鈍，不過我們相信嗅覺可以透過「鍛鍊」以維持靈敏度。同時，荷爾蒙的變化也可能改變對香水的喜好與香水在肌膚上的氣味，部分原因是由於肌膚變得較乾，因此香水「依附」的效果較差。這比較容易解決，只要使用較滋潤的無香味身體保濕乳液即可。

隨著我們的生命不斷成長變化，對香水的品味愈來愈「洗鍊」並不少見。果香花香調比較「年輕」，不過只有極少數年輕女性喜歡濃烈撲鼻的東方調，或是洗鍊高雅的柑苔調。就像我們愈來愈懂得品酒，對香水的品味亦是如此。

" 我們相信嗅覺可以透過鍛鍊維持靈敏度。"

Q 香水和精油有何不同？

A 香水是以油，而非酒精為基底調和，可以直接使用在肌膚上。別和精油搞混了，只有極少數精油（除了薰衣草和茶樹精油）可以直接使用在肌膚上。精油是從植物的葉、花朵、樹皮、種子、花苞、樹脂和莖幹萃取的香氣液體，必須以酒精（製作香水用的）或基底油（例如甜杏仁油或荷荷巴油）稀釋，才能在肌膚上使用。

Q 如何使香水的香氣持續更久？

A 疊擦搭配的乳液絕對有效，一整天下來隨著體溫升降，香氣的確相續更持久。不過來自紐約Firmenich公司的調香大師哈利・費蒙（Harry Fremont）建議噴灑香水前，先使用無香氛的油質保濕產品。此外，也可選擇同系列香水中濃度較高的版本（見20-15頁），酒精基底中的香精油百分比愈高，香氣也會愈持久。不過即使最持久的香水，在經過四個小時後，除非將鼻子貼在皮膚上，香氣可能也難以察覺了。如果不想要隨身帶一瓶累贅的香水或噴霧，我們推薦Travalo便攜式香水瓶，防漏的迷你噴霧器可以輕鬆分裝最喜愛的香水。Travalo現在有多種顏色可供選擇（包括黑色、金色和銀色），每種顏色我們都有好幾個，分裝多款我們最愛的香水，以便隨時帶著走。

> *即使最持久的香水，經過四個小時後，香氣可能也難以察覺了。*

Q 選購香水的時候，我的鼻子常會「疲勞」。如何解決呢？

A 香水店與一些專櫃會提供咖啡豆「消除」嗅覺疲勞，但說真的，雖然咖啡很好聞，但我不認為如傳聞中的有效，反而會使嗅覺更紊亂。我發現最好的辦法是聞聞自己的皮膚（當然是尚未試用香水的部位），手肘內側最理想，因為沒有特別氣味又熟悉。不過要注意的是，絕大多數的人在聞過四到五種不同氣味後都會嗅覺疲勞。選香水時記得放輕鬆，不要趕時間。

Q 該在免稅店買香水嗎？

A 如果是慣用也喜愛的香水，那當然！既能省錢，或許還能買到限定版本。但若是沒有用過的香水，我非常不建議。你很有可能在飛機上才聞到後味，而這才是你和香水相處最久的階段。即使不喜歡這個階段的氣味也沒辦法退貨了。但如果你非得立刻做決定不可，試用淡香水比淡香精恰當，前者散逸速度更快，因此可以在短時間做出決定。

Q 面試工作時該使用哪種香水？

A 面試時如果能感到自在，自然會有最佳表現，這意味著不僅要選對服裝留下好印象，更要小心選擇香水。面試使用香水恰當嗎？當然，不過請選擇清淡的香水，而且用量要少。如果有款能夠讓你感到平靜放鬆的香水，可以使用少許。使用極微量的花香調，或是噴上正式打扮時使用的古龍水。柑橘調能調高專注力和警覺，但由於古龍水在肌膚上的壽命很短暫，有可能輪到你面試的時候香氣已經消失殆盡。不過記住，在這種場合中，少即是多，因此要是擔心香水味太濃，那就不要使用吧！

Q 男香、女香，或共用香水，到底有沒有關係？

A 我們認為完全無所謂。香水在幾世紀以前是不分性別的。當然，不是每個男人都希望被籠罩在一片香甜紫羅蘭雲霧中，也不是每個女人都希望聞起來像男性鬍後水的舒爽海洋香調，但無論如何你都可以理直氣壯地使用自己最喜愛的香氣。也有許多男性喜歡使用女香，效果也好得不得了。小眾香水品牌的出現帶來有趣的變化，許多小眾品牌現在使用「共用」一詞形容他們的香水，不將之歸類在男香或女香，而且裝入無論在男人或女人的浴室架上看起來都不突兀的香水瓶中。對於打破香水的性別藩籬，我們樂見其成。用你喜愛的香水，才是最重要的。

Q 香水是催情劑嗎？

A 嚴格來說不算是。沒有科學證據顯示香水會影響性慾，但我們知道香水能夠令你覺得更性感，也能在充滿壓力的漫長一日之後，幫你感到稍微放鬆一點。許多人使用某種香水時會感覺較有自信，也許這也是香水令人性感的原因之一。不過，若真的找到某款能夠令伴侶神魂顛倒的香水，我們建議你最好囤貨！

Q 為什麼最喜歡的香水聞起來和以前不一樣了？

A 原因有很多種。有時候香水公司因為成本考量，改用較便宜的原料。通常我們會如此假設，但還有許多其他因素都可能造成影響。有時候一度盛產的天然原料歉收，甚至絕種，或是法令認定其瀕臨絕種因此限制採收。就天然原料而言，每年狀況不一，不同產地也不一樣，例如今年收成的玫瑰可能和前一年收成的香氣完全不同。產自海地的岩蘭草聞起來和印度產的也不一樣。

另一個因素是，對香水的潛在敏感性或致過敏性了解得愈多，國際香水協會（IFRA，International Fragrance Association）對香水原料使用量的限制法令也隨之增加，有時候甚至全面禁用。有些時候則是允許使用量降低，如香莢蘭、橡木苔、茉莉、零陵香豆、安息香和紅沒藥有的已被禁用，有些則限制使用。這完全是調香師的惡夢，因為他們大部分的時間都花在調整現有香水的配方，使其符合法令規定，我們相信調香師們寧願將創造力灌注在創造新香水中。為精品香水公司工作的頂尖調香師不斷重製品牌的經典款，加入其他原料取代禁用的原料，確保這些珍貴創作的香氣不變，真該向他們鞠躬致敬。不過最重要的是，如果覺得一度最愛的香水聞起來不一樣了，它的香氣很可能真的改變了，也許該考慮另覓新歡。

Q 費洛蒙是什麼？

A 費洛蒙是一種生物分泌的化學物質，能向其他同類發送性訊號。每個人都有獨特的費洛蒙特性，問問警犬就知道了！人類不會真的聞到費洛蒙的氣味（但可能偶爾會聞到其他人腋下或胯下的狐臭味），而是本能地接收訊息。喬治・陶德教授以費洛蒙為基底製出香水，就叫做Pheromol Factor，他說：「性生活協調的伴侶即使沒有意識到，也喜愛彼此的體味。他們之間會有氣味的交流，也就是性的訊息。」現在這點也能以科學方式做到了，喬治解釋道：「費洛蒙從青春期開始發散，在二十五歲到三十歲之間達到高峰，然後開始減弱。」他相信使用模仿費洛蒙的香水，也許可以促進天然費洛蒙分泌。如果有興趣，我們建議你親自試試！小眾香水品牌Escentric Molecules（見119頁）則宣稱他們的香水能與天然費洛蒙起作用。

Q perfume、fragrance和scent有什麼不同嗎？

A 其實沒有什麼不同，兩者皆可，不過我們發現英國女人比較常用perfume，fragrance則在美國較通用。但是嚴格來說，「perfume」意指特定的濃度，也就是濃度最高的香精，再來是淡香精，然後是淡香水（見20頁）。「scent」用來形容香水時，有時候被認為帶點「負面」意味，不過如果你喜歡使用「scent」一詞，當然沒問題！

性生活協調的伴侶即使沒有意識到，也喜愛彼此的體味。

Q 我目前沒有使用香水，因為有點害羞，要如何開始呢？

A 調香師琳・哈瑞絲的建議很不錯：「若從未使用過香水，那就把它當成配件，為你的個性或整體裝扮畫龍點睛，或感覺自信自在即可。想逐步踏入香水世界，可先從清新的柑橘調或花香調開始，這些是絕不出錯的好選擇。」

Q 我最喜歡的香水停產了，怎麼辦？

歡迎來到心碎旅店。這種事發生的時候真的很令人生氣難過，很可能你永遠再也找不到這款香水，但在為此大哭之前，你還可以再最後一搏。首先快去google！別只在當地的百貨公司架上尋找，夠清楚了吧？當香水被主要販售點除名後，通常會轉往網路上的「灰市」。灰市是指大致上從海外合法進口的商品，擁有註冊商標或品牌名，售價比正常販售管道便宜許多。一般來說，我們都建議在百貨公司或擁有實體店面的知名網路商店上購買，灰市上的商品無法保證品質。不過非常時刻就要採取非常手段，如果真的沒有其他方法可以找到你心愛的停產香水，那就姑且一試吧。

此外，每到一個新地方，像是香水店、藥妝店、百貨公司及任何有一丁點可能找到最愛的地方，都把尋找它當成第一要務。並且試著和廠商聯絡，他們會告訴你這款香水在你的國家是否仍繼續生產，是的話可在哪裡購得。（香水在某個國家停產，但在其他許多國家仍能購得，這是很常見的事。）上eBay和其他競標網站找找，如果香水已經上架好一段時間，內容物的香氣可能會有點變質。同時要小心如果這款香水極受歡迎，可能要和一大堆眼明手快的競標者競爭，最後以付出高價收場（抱歉啦）。

最後但也很重要的是，有些網站會販賣稀有香水：Direct Cosmetics（英國和美國）、The Fragrance Factory（美國）、Enchanté（加拿大）。但缺點是即使在國外網站找到心愛的香水，現在關於危險物品的寄送限制規定可能也會讓香水無法郵寄。如果真的無技可施了呢？The Perfume Society網站（www.perfumesociety.org）的虛擬香水顧問FR.eD將會幫助你找到新歡。

雌激素使女性的
嗅覺更敏銳。

Q 女性的嗅覺真的比男性更敏銳嗎？

A 根據美國賓州大學嗅覺與味覺中心（Smell and Taste Center）的院長理查·L·多堤（Richard L. Doty），答案是「是的。」不過沒有人知道確切的原因。可能僅是相較於男性，女性有更多機會使用嗅覺，像是透過學習料理、購買花朵等等（更不用說對整個香水世界有興趣……）。當然也和荷爾蒙變化有關，雌激素使女性的嗅覺在月經週期前半段更敏銳（懷孕頭幾個月更是如此，這也是為什麼許多女性在這段時間中對愛用香水的喜好完全改變）。而月經週期後半段的黃體素則會減弱嗅覺能力。

Q 可以在陽光下使用香水嗎？

A 萬萬不可！真的，拜託不要！除非是以「可受日光照射」（safe for sun exposure）為特色的香水（部分美妝品牌偶爾會推出這類商品），不要在日光下使用香水是有充分理由的，某些被廣泛使用的香水成分尤其是柑橘類，含有補骨脂素（psoralens），會過度刺激色素細胞生成，形成局部褐色斑點，正式醫學名稱為柏洛克皮膚炎（Berloque dermatitis），在頸背形成像窗戶玻璃滑下的褐色雨漬。如何解決呢？如果想要在陽光下開心使用夏日香水，噴在衣物上會比肌膚上理想（當然先檢查是否導致衣物變色，可在面紙或織品上試用）。將緞帶噴滿香水，然後像瑪麗安東尼一樣綁在手腕或頸部。也可將棉球噴上香水後塞入胸罩內（不打算下水的話也可塞入泳衣）。當然天黑之後就可以盡情使用香水啦！記得隔天早上擦洗乾淨後才可再次曝露於陽光下。

如果想要在陽光下開心使用夏日香水，
噴在衣物上會比肌膚上理想。

Q 百貨公司的試用香水和我購買的完全相同嗎？

A 是的，完全相同。試用品的意義就是讓你知道香水的氣味，我們可以向你保證，香水公司提供的店內試用品絕對不是特製的。唯一的差別或許是，試用品如果已經放了一段時間，有可能會受到周圍環境的光照和溫度影響，兩者皆會破壞香水。如果瓶子裡的香水只剩下一點點，或許就有上述的問題，可向專櫃人員要求新的試用品（而且所有的香水銷售專員都不該拒絕）。

Q 沾式香水和噴式香水有何不同？

A 如果兩者的濃度相同，就沒有什麼差別。只不過是使用方式不同。但由於沾式香水瓶口敞開，每次沾取時內容物都會曝露在空氣中，相較之下維持密封狀態的噴式香水保存期限較長。選擇噴式或沾式香水純屬個人喜好，若選擇後者，一定要用瓶蓋將香水點在身上，重新沾取前務必先以手帕或面紙擦拭，否則人體的天然油脂會混入香水，時間久了也會影響品質。

Q 我非常在乎動物實驗與虐待。香水含有動物性原料嗎？

A 現在幾乎沒有了。不過對調香師來說，動物性原料曾是價格最高昂的原料之一，諸如麝鹿的麝香、麝貓的麝貓香、海狸性腺的海狸香，幾乎都以人工合成品取代，原因是有三：其一，較便宜；其二，較穩定；其三，不會激怒環保人士和關心動物福利的人士。唯一可能比較沒有問題的原料是龍涎香（除非你是全素主義者），基本上這是抹香鯨吃完後吐出的烏賊殘渣，非常珍貴稀有，而現代香水產業幾乎都已使用人工合成的龍涎香了。不過因為香水成分非常保密，很難百分之百確定完全不含任何動物性原料，甚至可能連客服專線也無法回答你。我們只能引用香水專家路卡‧杜杭的話：「如果你真的非常在意香水中可能含有動物性成分，那就選購推出近期推出、價格較低的香水吧。」

Q 為什麼有些成分會列在包裝上，有些則否？

A 你注意到香水和其他美妝產品不同，成分表相對之下簡短多了（通常印在外盒而非瓶身上）。乳液、洗髮精和化妝品必須遵循法規，列出完整的成分清單，而香水世界則設法避免如此，因為牽涉到巨大的商業敏感度：比方說，如果Chanel必須在包裝上列出No. 5的完整成分，仿冒者毀掉他們生意的可能性就大大增加了。不過法律規定，品牌必須列出部分已知可能對某些人而言具致敏性的成分，包括檸檬醛（citral）、檸檬烯（limonene）、異丁香醇（isoeugenol）、沉香醇（linalool）、香豆素、苯甲醇（benzyl alcohol）、肉桂酸苄酯（benzyl cinnamate）及其他（可google完整清單：輸入list of perfume allergens）。不過只有極少數人會對特殊成分過敏，因此不需要過度擔憂恐慌，但是切記我們稍早提過的，噴上香水的肌膚千萬避免曝曬在陽光下。

> 如果*Chanel*必須在包裝上列出*No. 5*中的完整成分，仿冒者毀掉他們生意的可能性就大大增加了。

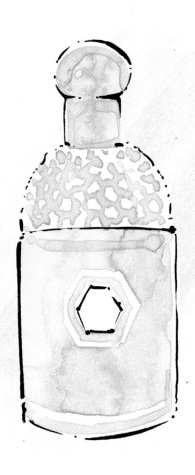

> ## A woman's perfume tells more about her than her handwriting

女人的香水比她的筆跡
透露更多祕密。

——克里斯汀·迪奧

directory 網站清單

1160 Tuesdays
www.4160tuesdays.com

Acqua di Parma
www.acquadiparma.com

AERIN
www.aerin.com

Agent Provocateur
www.agentprovocateur.com

Anastasia Brozler
www.scentlondon.co.uk

Annick Goutal
www.annickgoutal.com

Antonia's Flowers
www.antoniasflowers.com

Armani
www.armani.com

Atelier Cologne
www.ateliercologne.com

Aveda
www.canmeng.com
www.aveda.com

Balmain
www.balmain.com

Bobbi Brown
www.bobbibrown.co.uk
www.bobbibrown.com

The Body Shop
shop.thebodyshop.com.tw
www.thebodyshop.com

Bois de Jasmin
www.boisdejasmin.com

Bottega Veneta
www.bottegaveneta.com

Boucheron
www.boucheron.com

Burberry
www.burberry.com

By Kilian
www.bykilian.com

By Terry
www.byterrydegunzburg.fr

Byredo
www.byredo.com

Cacharel
www.cacharel.com

Cafleurebon
www.cafleurebon.com

Calvin Klein
www.calvinklein.com

Candy Perfume Boy
www.thecandyperfumeboy.com

Caron
www.parfumscaron.com

Carthusia
www.carthusia.it

Cartier
www.tw.catier.com
www.cartier.com

Carven
www.carven-parfums.com

Cerruti
www.cerruti1881fragrances.com

Chandler Burr
www.chandlerburr.com
www.chanel.co.uk

Chanel
www.chanel.com

Chloé
www.chloe.com/zh-hant/
www.chloe.com

Clinique
www.clinique.com.tw
www.clinique.com

Clive Christian
www.clive.com

Comme des Garçons
www.comme-des-garcons-parfum.com

Courrèges
www.courreges.com

Creed
www.creedboutique.com

Davidoff
www.zinodavidoff.com

Dior
www.dior.com

Direct Cosmetics (UK/USA)
www.directcosmetics.com

DKNY
www.dkny.com

Dolce & Gabbana
www.dolcegabbana.com

The Dubai Perfume Souk
Sikkat al Khail Street,
Deira (just east of the
Gold Souk)

**Editions de Parfums
Frederic Malle**
www.fredericmalle.com

Elie Saab
www.eliesaab.com

Enchanté
www.eperfumes.ca

Escentric Molecules
www.escentric.com

Estée Lauder
www.esteelauder.com.tw
www.esteelauder.com

Etat Libre d'Orange
www.etatlibredorange.com

**Farmaceutica di Santa
Maria Novella**
www.smnovella.it

Firmenich
www.firmenich.com

Floris
www.florislondon.com

The Fragrance Factory
www.thefragrancefactory.com

Giorgio Beverly Hills
www.giorgiobeverlyhills.com

Givaudan
www.givaudan.com

Givenchy
www.givenchy.com

Grain de Musc
www.graindemusc.blogspot.
co.uk

Grossmith
www.grossmithlondon.com

Guerlain
www.guerlain.com

Guy Larouche
www.guylaroche.com

Heeley Perfumes
www.jamesheeley.com

Hermès
www.hermes.com

Houbigant
www.houbigant-parfum.com

Houzz
www.houzz.com

Illuminum
www.illuminumfragrance.com

Institut Supérieur
International du Parfum,
de la Cosmétique
et de l'Aromatique
Alimentaire (ISIPCA)
www.isipca.fr

International Flavors and
Fragrances (IFF)
www.iff.com

International Fragrance
Association (IFRA)
www.ifraorg.org

International Perfume
Bottle Association
www.perfumebottles.org

Issey Miyake
www.isseymiyake.com

Jardins d'Ecrivains
www.jardinsdecrivains.com

Jean Charles Brosseau
www.jcbrosseau.com

Jean Patou
www.jeanpatou.com

Jean Paul Gaultier
www.jeanpaulgaultier.com

Jennifer Lopez
www.jenniferlopezbeauty.com

Jimmy Choo
www.jimmychoo.com

Jo Malone London™
www.jomalone.com.tw
www.jomalone.com

Joop
www.coty.com/brands/joop

Jovoy
www.jovoyparis.com

Juliette Has A Gun
www.juliettehasagun.com

Katie Puckrik Smells
www.katiepuckriksmells.com

Kenzo
www.kenzoparfums.com

La Perla
www.laperla.com

Lalique
www.lalique.com

Lancôme
www.lancome.com.tw
www.lancome.com

Lanvin
www.lanvin.com

L'Artisan Parfumeur
www.artisanparfumeur.com

Le Labo
www.lelabofragrances.com

Les Senteurs
www.lessenteurs.com

Liz Earle
www.lizearle.com

L'O Profumo
www.loprofumo.com

L'Occitane
tw.loccitane.com
www.loccitane.com

Lolita Lempicka
www.parfumslolitalempicka.
com

Londoner
www.bexlondon.com

Lorenzo Villoresi
www.lorenzovilloresi.it

Louis Vuitton
www.louisvuitton.com

Maison Francis Kurkdjian
www.franciskurkdjian.com

Maison Martin Margiela
www.maisonmartinmargiela-
parfums.com

Mandy Aftel
www.aftelier.com

Marc Jacobs
www.marcjacobs.com

Marie-Antoinette
www.marieantoinetteparis.fr

Marni
www.marni.com

Mary Greenwell
www.marygreenwell.com

Mäurer & Wirtz 4711
www.4711.com

Memo Paris
www.memofragrances.com

Michael Kors
www.michaelkors.com

Miller Harris
www.millerharris.com

MiN NY
www.min.com

Molinard
www.molinard.com

Molton Brown
www.moltonbrown.co.uk
www.moltonbrown.com

Moschino
www.moschino.com

Narciso Rodriguez
www.narcisorodriguez.com

Natural Perfumers Guild
www.naturalperfumers.com

Nina Ricci
www.ninaricci.com

The Non-Blonde
www.thenonblonde.com

Nose
www.nose.fr

Now Smell This
www.nstperfume.com

The Organic Pharmacy
www.theorganicpharmacy.
com

Ormonde Jayne
www.ormondejayne.com

Oscar de la Renta
www.oscardelarenta.com

Osswald (NYC)
www.osswaldnyc.com

Paco Rabane
www.pacorabanne.com

Penhaligon's
www.penhaligons.com

Perfume Posse
www.perfumeposse.com

Perfume Shrine
www.perfumeshrine.
blogspot.co.uk

Perfume Society
www.perfumesociety.org

Persolaise
www.persolaise.blogspot.
co.uk

Pierre Dinand
www.pierre-dinand.com

Prada
www.prada.com

Reiss
www.reiss.com

Revlon
www.revlon.com

Roads
www.roads.co/fragrance/

Robert Piguet
www.robertpiguetparfums.com

Robertet
www.robertet.com

Rochas
www.rochas.com

Roja Dove
www.rojadove.com

Roja Parfums
www.rojaparfums.com

Sarah Horowitz
www.sarahhorowitz.com

Scent Bar
www.luckyscent.com

The Scent Critic
www.thescentcritic.com

The Scented Salamander
www.mimifroufrou.com

Serge Lutens
www.sergelutens.com

Shay & Blue
www.shayandblue.com

Sisley
www.sisleyparis.com

Stella McCartney
www.stellamccartney.com

Strange Invisible Perfumes
www.siperfumes.com

Symrise
www.symrise.com

Takasago
www.takasago.com

Tauer Perfumes
www.tauerperfumes.com

Thierry Mugler
www.mugler.com

Thirdman
www.thirdman.net

Tom Daxon
www.tomdaxon.com

Tom Ford
www.tomford.com

Travalo
www.travalo.com

Van Cleef & Arpels
www.vancleefarpels.com

Viktor & Rolf
www.viktor-rolf.com/en/
fragrance

Vintage Ad Browser
www.vintageadbrowser.com

Vintage in Print
www.vintageinprint.co.uk

Xerjoff
www.xerjoff.com

Yardley
www.yardleylondon.co.uk

Yohji Yamamoto
www.yohjiyamamotoparfums.
com

Yves Saint Laurent
www.yslbeauty.com.tw
www.yslbeauty.com

参考書籍
BOOKSHELF

Essence & Alchemy by
Mandy Aftel

*Glamour Icons: Perfume
Bottle Design* by Marc
Rosen

Le Snob: Perfume by
Dariush Alavi

*Masters of Fashion
Illustration* by David
Downton

*Perfume: The Story of a
Murderer* by Patrick
Suskin

*The Perfume Lover: A
Personal History of
Scent* by Denyse
Beaulieu

*Perfumes: The A-Z
Guide* by Luca Turin and
Tania Sanchez

*Remembering Smell: A
Memoir of Losing – and
Discovering – the Primal
Sense* by Bonnie
Blodgett

*The Scent Trail: A
Journey of the Senses*
by Celia Lyttelton

*Scents & Sensibilities:
Creating Solid Perfumes
for Well-Being* by Mandy
Aftel

index 索引

此生必試的100款香水

The Men's Room
男士專屬

picture credits 圖片版權

p5: Ateli/istock

p6–7: Ateli/istock

p10, 11, 12, 13: Ateli/istock

p14 (clockwise from top): powdr_dayz/istock; A_teen/istock; kazoka30/istock

p15: nickpo/istock; robcocquyt/istock; Alexander Raths/Shutterstock; ac_bnphotos/istock; Aprilphoto/Shutterstock

p16: RG-vc/Shutterstock; pidjoe/istock; ONimages/istock; SerenDigital/istock; dtimiraos/istock

p17 (top to bottom): left column: Alan_Lagadu/istock; mariusz_prusaczyk/istock; naphtalina/istock; AndreaAstes/istock

right column: Kate Sinclair/FilmMagic; intrepidina/Shutterstock; Stan Honda/AFP/Getty Images; wavebreakmedia/Shutterstock; sf_foodphoto/istock

p18 (clockwise from top): fotograv/istock; xyzphoto/istock; Jpecha/istock; Andrey Bandurenko/Fotolia

p19 (top to bottom): PapaBear/istock; MKucova/istock; ryasick/istock; oscarhdez/istock; Vasiliki Varvaki/Getty Images

p26: Yonel/istock

p27: Michael Ochs Archives/Corbis

p28: kubais/Shutterstock

p30–31: Teri Caviston/Shutterstock

p39: Courtesy of AERIN, LLC

p41: RDPR Group Ltd

p46 (left to right): Lance Lee/Dreamstime; Marilyn Barbone/Dreamstime; Dea Picture Library/Getty Images;

Ask me no more, 1906 (oil on canvas), Alma-Tadema, Sir Lawrence (1836-1912)/Private Collection/The Bridgeman Art Library; Shutterstock/mishabender; Ashwin Kharidehal Abhirama/Dreamstime

p47: Roses of Heliogabalus, 1888 (oil on canvas), Alma-Tadema, Sir Lawrence (1836-1912)/Private Collection/© Whitford Fine Art, London, UK/Bridgeman Images; Stock Montage/Getty Images; Photocuisine/Alamy; Sarah Marchant/Dreamstime; Ugurhan Betin/Getty Images; Paola Bona/Shutterstock

p48: Ivy Close Images/Alamy; BOTTLE BRUSH/Balan Madhavan/Alamy; Jon Arnold Images Ltd/Alamy; Jozef Sedmak/Alamy; Francesco Alessi/Dreamstime; Angela Conrady/Getty Images; Portrait of Louis XIV (1638-1715) (oil on canvas), Rigaud, Hyacinthe (1659-1743) /Prado, Madrid, Spain/ Giraudon/Bridgeman Images

p49: Author's Image Ltd/Alamy; Dziewul/Dreamstime; Napoleon and Josephine Melodrama, c.1898 (colour litho), French School, (19th century)/ Private Collection/ DaTo Images/Bridgeman Images; The Young Queen Victoria (1819-1901) (panel), Winterhalter, Franz Xaver (1806-73) (circle of)/ Private Collection/Photo © Philip Mould Ltd, London/Bridgeman Images; Peter Stone/Alamy; Apic/Getty Images; Apic/Getty Images

p50: Patrick Landmann/Getty images; De Agostini/Getty Images; Gamma-Keystone via Getty Images; New York Times Co./Getty images; Neal Grundy; Housewife/Getty Images; ssuaphoto/istock; Apic/Getty Images

p51: The Advertising Archives; Guerlain; The Advertising Archives; The Advertising Archives; Neal Grundy; Neal Grundy

p52–53 (map): Alice Tait

p52 (left to right): Sanjeri/istock; kira_an/istock; luknaja/istock

p53 (clockwise from top): Angela Conrady/Getty Images; Laitr Keiows/Shutterstock; felinda/istock; slallison/istock;

phetphu/istock; marilyna/istock; rimglow/istock; dtimiraos/istock; Jim Parkin/Shutterstock

p58: Pol Barril

p59: Hajime Watanabe

p62–63: Vichly44/istock

p64 (left to right): LOOK Die Bildagentur der Fotografen GmbH/Alamy; KUCO/Shutterstock; Jacky Parker/Alamy; niceartphoto/Alamy; Lidante/ Shuttsertock; Chris Hellier/Alamy; Angela Luchianiuc/Shutterstock; Navè Orgad/Alamy; Christian Jung/Shutterstock

p67: Shutterstock/Gyorgy Barna

p70: Foster Curry

p72: Sam McKnight: Nick Knight; Maria Mosolova/Getty Images

p73 (left to right): Ursula Alter/Getty Images; Fumie Kobayashi/Getty Images; Chris Burrows/Getty Images; Jonathan Buckley

p74 (l to r): Visions/GAP Gardens; Boris SV/Getty Images; Jonathan Buckley; FhF Greenmedia/GAP Gardens; Jonathan Buckley

p76: The Advertising Archives

p77: The Advertising Archives

p78: The Advertising Archives

p79: The Advertising Archives

p83: Andreas von Einsiedel/Alamy

p85 (clockwise from top): Jessie Simmons; Studio des Fleurs; Atelier Cologne

p86: Editions de Parfums Frederic Malle; Grossmith

p87: Dominik Schulthess; Illuminum; Anaïs Biguine

p88: Jovoy; Elodie Farge & Charles Helleu; Derek Seaward

p89: Maison Francis Kurkdijan; Mary Greenwell; MEMO Paris

p90: Xavier Young; Roja Parfums; Tauer Perfumes

p91: Thirdman; Tom Daxon; Xerjoff

p93: Miller Harris Perfumer London

p94 (top to bottom): Camera Press London/J. Veysey; Miller Harris Perfumer London

p97: Foster Curry

p124 (right): Josephine Fairley

p137 (right): Josephine Fairley

p143 (left): Josephine Fairley

p144 (left): Josephine Fairley

p151 (left): Josephine Fairley

p158: Les Senteurs

p159 (clockwise from top): Christian Dietrich; MiN New York; Mark Hanauer

p160: Luckyscent, Inc.; Charlotte Mano; Jovoy

p161 (clockwise from top): Officina Profumo Farmaceutica di Santa Maria Novella; Anna Stowe Travel /Alamy; L'O Profumo

p163: wrangler/Shutterstock

本書在許多人的幫助之下完成，除了感謝，還是感謝。

首先感謝The Perfume Society的出色團隊：Ines Socarras、Alice Crocker、Alice Jones、Carson Parkin-Fairley、Rose Eastell和Lily de Kergeriest Gutierrez。同時也感謝Hastings的「家庭快樂會」，Amy Eason和David Edmunds，還有Paris Parkin Fairley。謹以此書獻給Craig Sams（與Nick McKay）。特別謝謝Craig，上下樓梯無數趟，簽收數不清的香水。

我們要感謝Kyle Books出版社的發行者Kyle Cathie、Julia Barder與我們的編輯Vicky Orchard，還有我們最棒的經紀人Kay McCauley。Jenny Semple 擔任本書設計，成果比我們最狂野的想像還要美，Neal Grundy的照片更令人目不轉睛。感謝Kerrie Hess的插畫，捕捉了香水的樂趣。大大感謝《YOU Magazine》的Sue Peart和Catherine Fenton始終支持我們。最後要對熱愛香水的公關Sharon Whiting，以及The Perfume Society公關公司大聲說謝謝。

感謝眾調香師與創意總編們，為我們編織魔法般的美妙香水，包括Mandy Aftel、Roja Dove、Azzi Glasser、Sophia Grojsman、Lyn Harris、Francis Kurkdjian、Sarah McCartney、Jacques Polge與Chanel的Christopher Sheldrake、Ormonde Jayne的Linda Pilkington、Romano Ricci、Andy Tauer、Guerlain的Thierry Wasser。特別感謝Frederic Malle：他不僅是調香師，更是幫助我們得到來自香水各界的幫助，讓這本能夠及時完成。也要感謝Pierre Dinand，以及George Dodd教授。

我們也要向香水品牌、美妝品牌與香水經銷商致謝，感激他們不遺餘力支持出版計畫：

以下依字母順序（香水品牌／經銷商）Acqua di Parma（Stephane Euzen）／Aspects Beauty Company（Lyndsay Fletcher）／Clive Christian／Coty（Amy Betsworth、Natalie Moon）／ Elizabeth Arden（Charlotte Mecklenburgh、Paula Smith）／Chanel（Jo Allison、Nathalie Everard、Penny Cross）／Dior（Clotilde Grange、Rebecca Filmer、Montasar Dumas）／Estée Lauder（Chris Good及他的出色團隊，包括Meiissa Bancroft、Anna Bartle、Lizzie Brady、Trudi Collister、Jess de Bene、Claire Goodwin、Zoe Hardy、Melanie Jones、Lucie Seffens、Jay Squier、Amy Taylor及Pip Walsh，也要謝謝Aerin Lauder。）／ Liz Earle（Aisling Connaughton，當然還有Liz本人）／Floris（Edward Bodenham）／Fragrance Factory（Howard Shaughnessy、我們的朋友Kenneth Green和他的Associates，包括Nicola de Burlet、Fabian Callone和Linda Taylor。Rebecca Goswell和Mary Greenwell，她們是自有品牌的創意總監）／GuerlainGuerlain（Kate Hudson、Jo Rash和Emily Field）／Grossmith（Simon、Amanda Brooke）／Illuminum（Keith Hamilton、Askala Geraghty）／Intertrade（Clorinda di Tomasso、Morgan Ferrars）／ROADS（Danielle Ryan）／Jovoy（François Hénin）／Lalique（Helen McTiffen）／ L'Oréal（Thierry Cheval、Emma Dawson、Charlotte Fielder、Charles de Montalevet、Amandine Ohayon、Kati Roberts和Sarah Williamson）／Penhaligon's（Nick Gilbert）／Procter & Gamble（Jane McCorriston）／Puig（Simon Tiplin）／Roja Parfums（Jack Cassidy）／SAS & Company（Shelley Smyth與她的團隊，包括Elin Kikano、Sarah Tomlinson和Marion Leclerq）／Sisley（Sarah Duguid、Rebekah Watson）／ The Body Shop（Sheena Appadoo、Zoe Cook）／United Perfumes（Laurent Delafon Jason Donovan）／Yardley（Karen Cullen、Quentin Higham）。

感謝公關公司的朋友們，包括Beautyseen的Michelle Boon。Chalk PR的Rowley Weeks和Emma Elliott。Dowal Walker的Fiona Dowal、Ali Pugh、Caroline Pugh、Jini Sanassay和Owen Walker。Frontrow PR的Rosa Sibaja。Kilpatrick PR的Genevieve Nikolopoulos和Carri Kilpatrick。 Profile PR的Michael Donovan和Opinder Mehmi。Purple PR的Anna Zajicek。Smith & Monger的Katie Pearson。The Communications Storeand的Tom Konig Oppenheimer和他的團隊。

感謝International Flavor & Fragrances的Catherine Mithcell幫忙完成香氛情緒板、Givaudan的Linda Harman，以及The Fragrance Foundation的Peter Norman和Linda Key。感謝Les Senteurs的Claire Hawkesley和James Craven以及他們知識淵博豐富的店員。感謝Sam McNight與我們分享他最喜愛的香花。最後感謝《Beauty Bible》的共同作者Sarah Stacey，對這項耗時的出版計畫的支持與包容。